水利工程施工技术研究

吕燕亭　杨斌　郑灿强　主编

延吉・延边大学出版社

图书在版编目（CIP）数据

水利工程施工技术研究 / 吕燕亭，杨斌，郑灿强主编. -- 延吉 : 延边大学出版社, 2024.4
ISBN 978-7-230-06522-1

Ⅰ. ①水… Ⅱ. ①吕… ②杨… ③郑… Ⅲ. ①水利工程一工程施工一研究 Ⅳ. ①TV512

中国国家版本馆CIP数据核字(2024)第089732号

水利工程施工技术研究
SHUILI GONGCHENG SHIGONG JISHU YANJIU

主　　编：吕燕亭　杨斌　郑灿强
责任编辑：王治刚
封面设计：文合文化
出版发行：延边大学出版社
社　　址：吉林省延吉市公园路977号　　邮　　编：133002
网　　址：http://www.ydcbs.com　　E-mail：ydcbs@ydcbs.com
电　　话：0433-2732435　　传　　真：0433-2732434
印　　刷：廊坊市海涛印刷有限公司
开　　本：710×1000　1/16
印　　张：13.5
字　　数：200 千字
版　　次：2024 年 4 月 第 1 版
印　　次：2024 年 4 月 第 1 次印刷
书　　号：ISBN 978-7-230-06522-1

定价：65.00元

编 写 成 员

主　　编：吕燕亭　杨　斌　郑灿强

副 主 编：郭世盟　苏元金　王　凯

编　　委：高　栋

编写单位：山东省潍坊市临朐县水利技术服务中心

巨野县水务局

济宁市水利事业发展中心

无棣县农村供水服务中心

无棣县城市供水服务中心

北京昌水建筑有限公司

山东沂沭河水利工程有限公司

前　言

水利关系国计民生，在经济社会发展全局中具有基础性、战略性、先导性作用。作为基础设施投资的重要领域，水利工程吸纳投资大、带动产业链条长、创造就业多，有力地支撑扩内需、稳投资、促就业，对加快构建新发展格局具有重要作用。如今，我国对水利事业的重视程度不断加深，水利事业得到了极好发展。

随着科学技术的不断进步，水利工程施工技术得到了发展，这对提高水利工程项目的整体质量起到了关键作用。水利施工单位应该结合水利工程的实际情况，采取有针对性的管理办法，保证工程质量。

本书共分五章。第一章对水利工程中的施工导流进行了论述。第二章从土基、岩基、防渗墙等方面论述了水利工程施工中的地基处理。第三章对水利工程中土石方工程的施工进行了探讨。第四章论述了混凝土工程施工。第五章对水利工程中的水闸和渠系建筑物的施工进行了研究。

在本书的编写过程中，笔者参阅了大量文献，在此向文献作者表示衷心的感谢。由于笔者水平有限，加之编写时间仓促，书中难免存在疏漏和不足之处，恳请广大读者批评指正。

笔者

2024 年 1 月

目　　录

第一章　施工导流

第一节　施工导流概述

一、施工导流的概念

施工导流是在原有河道范围内修建水利工程的过程中，为创造干的施工条件，用围堰围护基坑，将河道水流通过预定方式导向下游的工程措施。施工导流是水利工程施工，特别是修建闸坝工程所特有的一项十分重要的工程措施。

二、施工导流的任务

在河流上修建水工建筑物时，其施工期往往与通航、渔业、灌溉或水电站运行等水资源综合利用的要求发生矛盾。在水利工程施工中，施工导流可以概括为采取“导、截、拦、蓄、泄”等工程措施，来解决施工和水流蓄泄的矛盾，避免水流对水工建筑物施工造成不利影响。这是施工导流的主要任务。

三、施工导流的基本方法

施工导流的基本方法大体上可分为两种：一种是分段围堰法，水流通过被束窄的河床、坝体底孔、缺口或明槽等向下游宣泄；另一种是全段围堰法，水流通过河床以外的临时或永久隧洞、明渠或涵管等向下游宣泄。

（一）分段围堰法

1.基本概念

分段围堰法（也称分期围堰法）就是用围堰将水工建筑物分段分期围护起来进行施工的方法。图 1-1 所示为两段两期导流的例子。首先在右岸进行一期工程的施工，河水由左岸束窄的河床向下游宣泄。在修建一期工程时，为使水电站、船闸等早日投入运行发挥效用，满足初期发电和施工的要求，应优先安排水电站、船闸的施工，并在建筑物内预留导流底孔或缺口，以满足后期导流。到二期工程施工时，河水经过底孔或缺口等向下游宣泄。对于临时底孔，在工程接近完工或需要时应加以封堵。

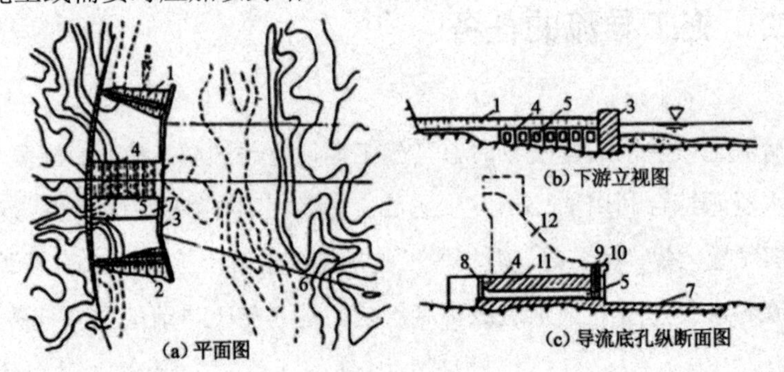

1—一期上游横向围堰；2—一期下游横向围堰；3—一、二期纵向围堰；
4—预留缺口；5—导流底孔；6—二期上下游围堰轴线；7—护坦；
8—封堵闸门槽；9—工作闸门槽；10—事故闸门槽；
11—已浇筑的混凝土坝体；12—未浇筑的混凝土坝体。

图 1-1　分段围堰法导流

2.分段与分期的概念

所谓分段，就是在空间上用围堰将建筑物分成若干施工段进行施工。所谓分期，就是在时间上将导流分为若干时期。工程导流的分期数和围堰的分段数，应由河床的特性、枢纽及导流建筑物的布置等来综合确定。在同一导流分期中，建筑物可以在一段围堰内施工，也可以同时在两段围堰中施工。段数分得越多，围堰工程量越大，施工也越复杂；期数分得愈多，工期可能拖得愈长。因此，应合理选择施工分段和分期。在工程实践中，两段两期导流方案用得最多。只有在比较宽阔的通航河道上施工，在不允许断航或其他特殊情况下，才采用多段多期的导流方法。常见的导流分期与围堰分段如图 1-2 所示。

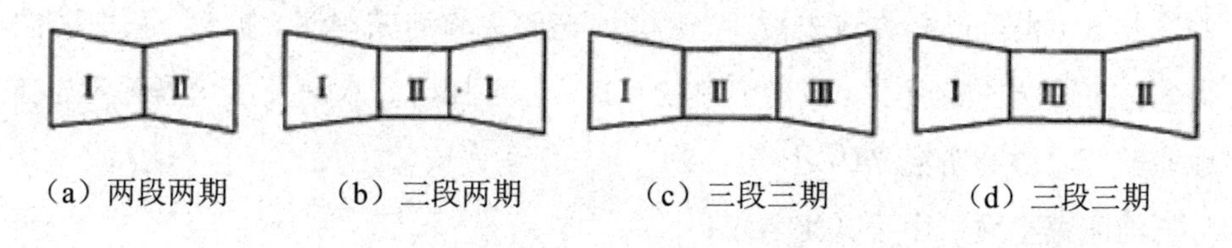

（a）两段两期　（b）三段两期　（c）三段三期　（d）三段三期

图 1-2　导流分期与围堰分段示意图

3.导流程序

在施工前期，水流通过被束窄的河床向下游宣泄；在施工后期，水流通过预留的泄水通道或永久建筑物向下游宣泄。其中施工后期的泄水方式包括坝体底孔导流、缺口导流、明渠导流等。下面，主要介绍坝体底孔导流、缺口导流。

当采用坝体底孔导流时，应事先在混凝土坝体内修好临时底孔或永久底孔，导流时让全部或部分导流流量通过底孔宣泄到下游，保证工程继续施工。若是临时底孔，则在工程接近完工或需要蓄水时加以封堵。这种方法在分段分期修建混凝土坝时用得较为普遍。临时底孔的断面多采用矩形，为了改善孔周的应力状况，也可采用有圆角的矩形。按水工结构的要求，孔口尺寸应尽量小。底孔导流的优点是挡水建筑物上部的施工不受水流干扰，有利于均衡连续施工，这对修建高坝特别有利。

坝体缺口导流，是指在混凝土坝施工过程中，汛期河水暴涨暴落，其他导流建筑物不足以宣泄全部导流流量时，为了不影响施工进度，使大坝在涨水时仍能继续施工，在未建成的坝体上预留缺口，以便配合其他导流建筑物宣泄洪峰流量，待洪峰过后，上游水位回落，再继续修建缺口部分。

4.纵向围堰位置的选择和河床束窄度的确定

纵向围堰位置的选择应考虑如下因素：①束窄河床流速满足施工期通航、筏运、围堰和河床防冲刷等要求，不能超过允许流速；②各段主体工程的工程量、施工强度比较均衡；③便于布置后期导流的泄水建筑物，不致使后期围堰过高或截流落差过大，造成截流困难；④结合永久建筑物布置，尽量利用永久建筑物的导墙、隔离体等；⑤地形条件。

束窄河床的允许流速，一般取决于围堰及河床的抗冲刷允许流速，但在某些情况下，也可以允许河床被适当刷深，或预先将河床挖深、扩宽，采取防冲措施。在通航的河道上，束窄河段的流速、水面比降、水深及河宽等还应与当地通航部门协商研究来确定。

河床束窄度可用下式来表示：

$$K=\frac{A_1}{A_2}\times 100\% \tag{1-1}$$

式中：K——河床束窄程度，简称束窄度；

A_1——原河床的过水面积，m^2；

A_2——围堰和基坑所占的过水面积，m^2。

国内外一些水利工程的河床束窄度取值范围为40%～70%。

束窄河床平均流速，可按下式确定：

$$v_c=\frac{Q}{\varepsilon(A_1-A_2)} \tag{1-2}$$

式中：v_c——束窄河床的平均流速，m/s；

Q——导流设计流量，m^3/s；

ε——侧收缩系数，单侧收缩时取0.95，两侧收缩时取0.90。

由于围堰使河床束窄，破坏了河流原来的水流状态，在束窄段前产生水位壅高。壅水高度可由下式估算：

$$Z=\frac{v_c^2}{2\varphi^2 g}-\frac{v_o^2}{2g} \tag{1-3}$$

式中：z——壅高，m；

φ——流速系数，随围堰布置形式而定；

v_o——行进流速，m/s；

g——重力加速度，取 9.81 m/s^2。

（二）全段围堰法

1.基本概念

全段围堰法是在河床主体工程的上下游各修建一道拦河围堰，使河水经河床以外的临时泄水道或永久泄水建筑物下泄；在主体工程建成或接近建成时，再将临时泄水通道封死。

2.分类

全段围堰法导流可分为隧洞导流、明渠导流和涵管导流。

（1）隧洞导流

隧洞导流是在河岸开挖隧洞，在基坑上下游修筑围堰，河水经隧洞下泄，如图 1-3 所示。隧洞导流适用于河谷狭窄、两岸地形陡峻、岩石坚硬的山区河流。

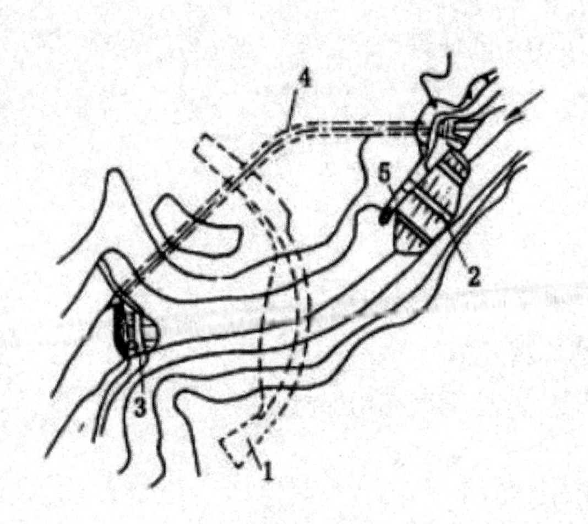

1—混凝土坝；2—上游围堰；3—下游围堰；
4—导流隧洞；5—临时溢洪道。

图 1-3　隧洞导流示意图

导流隧洞的布置，取决于地形、地质、枢纽布置以及水流条件等因素。具体布置原则如下：

①将隧洞布置在完整新鲜的岩层中。为防止沿线可能产生大规模塌方，应避免洞线与岩层、断层、破碎带平行，若洞线与岩石层面交角在 45° 以上，层面倾角也应以不小于 45° 为宜。

②利用坝趾附近有利地形，尽量使洞线顺直。河道弯曲时宜布置在凸岸，不仅可缩短洞线，且水力条件较好。

③对有压隧洞和低流速无压隧洞，转弯半径应大于 5 倍洞宽，转折角不宜大于 60° ；弯道上下游过渡段的直线长度大于 5 倍洞宽，高流速无压隧洞应尽量避免转弯。

④进出口与河道主流方向的夹角不宜太大，出口交角小于 30° ，进口可适当放宽要求。

⑤采用两条以上隧洞导流时，洞间壁厚一般不小于开挖洞宽的 2 倍。

⑥隧洞进出口距上下游围堰坡脚和永久建筑物应有足够的距离，一般应大

于 50 m。

⑦应有足够的埋深。

⑧控制底坡。

⑨与永久建筑物结合。

（2）明渠导流

明渠导流是在河岸上开挖渠道，在基坑上下游修筑围堰，河水经渠道下泄，如图 1-4 所示。明渠导流适用于岸坡平缓或有宽广滩地的平原河道。

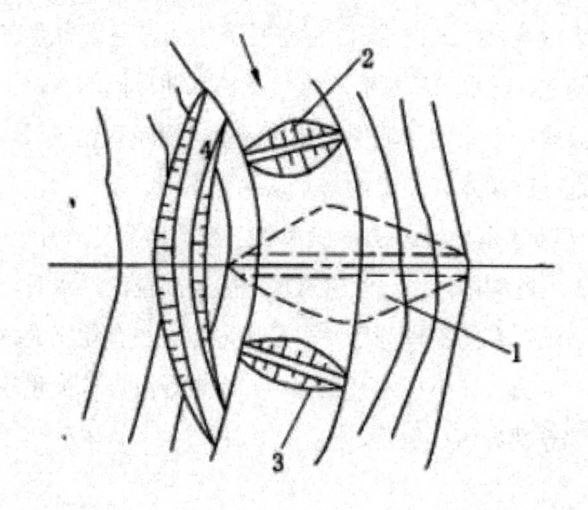

1—坝体；2—上游围堰；3—下游围堰；4—导流明渠。

图 1-4　明渠导流示意图

导流明渠的布置一定要保证水流顺畅、泄水安全、施工方便，且应缩短轴线，减少工程量。具体要求如下：

①明渠进出口应与上下游水流衔接，与河道主流的交角以小于 30° 为宜。

②为保证水流畅通，明渠转弯半径应大于 5 倍渠底宽度。

③明渠进出口与上下游围堰及其他建筑物要有适当距离，一般以 50～100 m 为宜，以防明渠进出口水流冲刷建筑物。

④为减少水流向基坑内渗流，明渠水面到基坑水面之间的最短距离以大于

2.5～3.0H为宜。其中，H为明渠水面与基坑水面的高差，单位为米。

⑤尽量与永久建筑物结合，并充分利用天然的古河道、垭口等有利地形。

⑥必须充分考虑挖方的利用。

⑦防冲问题应引起足够重视，尽量降低糙率。

⑧在设计时应考虑封堵措施。

（3）涵管导流

相比前两种导流方式，涵管的泄水能力较小，因此一般用于导流流量较小的河流上或用来担负枯水期的导流。涵管导流的涵管通常布置在靠近河岸边的河床岩地或岩基上，进水口底板高程常设在枯水期最低的水位上，这样可以不修围堰或只需修建一个小的子堰便可修建涵管，待涵管建成后，再在河床处的上下游修筑围堰截断河水，使上游来水从涵管下泄。

除了以上两种基本导流方法，在水利工程的实际建设中还有其他导流方法。例如，在施工过程中，当泄水建筑物不能全部宣泄洪水时，可采用允许基坑被淹的导流方法；有的工程利用发电厂房导流；在有船闸的枢纽中，可以利用船闸闸室进行导流；在小型水利工程中，如果导流设计流量较小，可以穿过基坑架设渡槽来宣泄导流；等等。

第二节　施工导流设计

施工导流设计的主要内容如下：①根据水文、地形、地质、枢纽布置及施工条件等基本资料，选择导流标准，划分导流时段，确定导流设计流量；②选择导流方案及导流建筑物的形式；③确定导流建筑物的布置、构造及尺寸；④拟定导流建筑物的修建、拆除、堵塞的施工方法以及截流、拦洪度汛和基坑排水等措施。

一、导流设计流量确定

导流设计流量是选择导流方案、设计导流建筑物的主要依据。导流设计流量一般应结合导流标准和导流时段的分析来确定。

（一）导流标准

导流标准是选择导流设计流量进行施工导流设计的标准，它包括初期导流标准、坝体拦洪时的导流标准等。

对于施工初期的导流标准，按《水利水电工程施工组织设计规范》（SL303—2017）的规定，首先需根据永久建筑物的级别确定临时建筑物的级别；然后根据保护对象、失事后的后果、使用年限及工程规模等将导流建筑物分为Ⅲ～Ⅴ级；最后根据导流建筑物的级别和类型，在规范规定的幅度内选定相应的洪水重现期作为初期导流标准。

1.工程等级的划分

（1）水利水电工程等级划分

《水利水电工程等级划分及洪水标准》（SL252—2017）适用于防洪、治涝、灌溉、供水与发电等各类水利水电工程。对已建水利水电工程进行修复、加固、改建、扩建，执行该标准确有困难时，经充分论证并报主管部门批准，可适当调整。根据《水利水电工程等级划分及洪水标准》的规定，水利水电工程按其工程规模、效益及在经济社会中的重要性，划分为Ⅰ、Ⅱ、Ⅲ、Ⅳ、Ⅴ五等，如表 1-1 所示。

表 1-1　水利水电工程分等指标

工程等别	工程规模	水库总库容/$10^8\ m^3$	防洪			治涝	灌溉	供水		发电
			保护人口/10^4人	保护农田面积/10^4亩	保护区当量经济规模/10^4人	治涝面积/10^4亩	灌溉面积/10^4亩	供水对象重要性	年引水量/10^8m^3	发电装机容量/MW
Ⅰ	大（1）型	≥10	≥150	≥500	≥300	≥200	≥150	特别重要	≥10	≥1200
Ⅱ	大（2）型	<10，≥1.0	<150，≥50	<500，≥100	<300，≥100	<200，≥60	<150，≥50	重要	<10，≥3	<1200，≥300
Ⅲ	中型	<1.0，≥0.10	<50，≥20	<100，≥30	<100，≥40	<60，≥15	<50，≥5	比较重要	<3，≥1	<300，≥50
Ⅳ	小（1）型	<0.1，≥0.01	<20，≥5	<30，≥5	<40，≥10	<15，≥3	<5，≥0.5	一般	<1，≥0.3	<50，≥10
Ⅴ	小（2）型	<0.01，≥0.001	<5	<5	<10	<3	<0.5		<0.3	<10

注 1：水库总库容指水库最高水位以下的静库容；治涝面积指设计治涝面积；灌溉面积指设计灌溉面积；年引水量指供水工程渠首设计年均引（取）水量。

注 2：保护区当量经济规模指标仅限于城市保护区；防洪、供水中的多项指标满足 1 项即可。

注 3：按供水对象的重要性确定工程等别时，该工程应为供水对象的主要水源。

对综合利用的水利水电工程，当按各综合利用项目的分等指标确定的等别不同时，其工程等别应按其中最高等别确定。

（2）水工建筑物的级别划分

①永久性水工建筑物的级别

水利水电工程永久性水工建筑物的级别，应根据工程的等别或永久性水工建筑物的分级指标综合分析确定。

综合利用水利水电工程中承担单一功能的单项建筑物的级别，应按其功能、规模确定；承担多项功能的建筑物级别，应按规模指标较高的确定。

失事后损失巨大或影响十分严重的水利水电工程的 2～5 级主要永久性水工建筑物，经论证并报主管部门批准，建筑物级别可提高一级；水头低、失事后造成损失不大的水利水电工程的 1～4 级主要永久性水工建筑物，经论证并报主管部门批准，建筑物级别可降低一级。

对 2～5 级的高填方渠道、大跨度或高排架渡槽、高水头倒虹吸等永久性水工建筑物，经论证后建筑物级别可提高一级，但洪水标准不予提高。

当永久性水工建筑物采用新型结构或其基础的工程地质条件特别复杂时，对 2～5 级建筑物可提高一级设计，但洪水标准不予提高。

穿越堤防、渠道的永久性水工建筑物的级别，不应低于相应堤防、渠道的级别。

a.水库及水电站工程永久性水工建筑物级别

水库及水电站工程的永久性水工建筑物级别，应根据其所在工程的等别和永久性水工建筑物的重要性，按表 1-2 确定。

表 1-2　永久性水工建筑物级别

工程等别	主要建筑物	次要建筑物
Ⅰ	1	3
Ⅱ	2	3
Ⅲ	3	4
Ⅳ	4	5
Ⅴ	5	5

水库大坝规定为 2 级、3 级，如坝高超过表 1-3 规定的指标时，其级别可提高一级，但洪水标准可不提高。

表 1-3　水库大坝提级指标

级别	坝型	坝高/m
2	土石坝	90
	混凝土坝、浆砌石坝	130
3	土石坝	70
	混凝土坝、浆砌石坝	100

水库工程中最大高度超过 200 m 的大坝建筑物，其级别应为 1 级，其设计标准应专门研究论证，并报上级主管部门审查批准。

当水电站厂房永久性水工建筑物与水库工程挡水建筑物共同挡水时，其建筑物级别应与挡水建筑物的级别一致按表 1-2 确定。当水电站厂房永久性水工建筑物不承担挡水任务、失事后不影响挡水建筑物安全时，其建筑物级别应根据水电站装机容量按表 1-4 确定。

表 1-4　水电站厂房永久性水工建筑物级别

发电装机容量/MW	主要建筑物	次要建筑物
≥1200	1	3
<1200，≥300	2	3
<300，≥50	3	4
<50，≥10	4	5
<10	5	5

b.拦河闸永久性水工建筑物级别

拦河闸永久性水工建筑物的级别，应根据其所属工程的等别按表 1-2 确定。

拦河闸永久性水工建筑物按表 1-2 规定为 2 级、3 级，其校核洪水过闸流量分别大于 5000 m^3/s、1000 m^3/s 时，其建筑物级别可提高一级，但洪水标准可不提高。

c.防洪工程永久性水工建筑物级别

防洪工程中堤防永久性水工建筑物的级别应根据其保护对象的防洪标准

按表 1-5 确定。当经批准的流域、区域防洪规划另有规定时，应按其规定执行。

表 1-5　堤防永久性水工建筑物级别

防洪标准/[重现期（年）]	≥100	＜100，≥50	＜50，≥30	＜30，≥20	＜20，≥10
堤防级别	1	2	3	4	5

涉及保护堤防的河道整治工程永久性水工建筑物级别，应根据堤防级别并考虑损毁后的影响程度综合确定，但不宜高于其所影响的堤防级别。

蓄滞洪区围堤永久性水工建筑物的级别，应根据蓄滞洪区类别、堤防在防洪体系中的地位和堤段的具体情况，按批准的流域防洪规划、区域防洪规划的要求确定。

蓄滞洪区安全区的堤防永久性水工建筑物级别宜为 2 级。对于安置人口大于 10 万人的安全区，经论证后堤防永久性水工建筑物级别可提高为 1 级。

分洪道（渠）、分洪与退洪控制闸永久性水工建筑物级别，应不低于所在堤防永久性水工建筑物级别。

d.治涝、排水工程永久性水工建筑物级别

治涝、排水工程中的排水渠（沟）永久性水工建筑物级别，应根据设计流量按表 1-6 确定。

表 1-6　排水渠（沟）永久性水工建筑物级别

设计流量/（m^3/s）	主要建筑物	次要建筑物
≥500	1	3
＜500，≥200	2	3
＜200，≥50	3	4
＜50，≥10	4	5
＜10	5	5

治涝、排水工程中的水闸、渡槽、倒虹吸、管道、涵洞、隧洞、跌水与陡

坡等永久性水工建筑物级别，应根据设计流量，按表 1-7 确定。

表 1-7　排水渠系永久性水工建筑物级别

设计流量/（m³/s）	主要建筑物	次要建筑物
≥300	1	3
＜300，≥100	2	3
＜100，≥20	3	4
＜20，≥5	4	5
＜5	5	5

注：设计流量指建筑物所在断面的设计流量。

治涝、排水工程中的泵站永久性水工建筑物级别，应根据设计流量及装机功率按表 1-8 确定。

表 1-8　泵站永久性水工建筑物级别

设计流量/（m³/s）	装机功率/MW	主要建筑物	次要建筑物
≥200	≥30	1	3
＜200，≥50	＜30，≥10	2	3
＜50，≥10	＜10，≥1	3	4
＜10，≥2	＜1，≥0.1	4	5
＜2	＜0.1	5	5

注 1：设计流量指建筑物所在断面的设计流量。

注 2：装机功率指泵站包括备用机组在内的单站装机功率。

注 3：当泵站按分级指标分属两个不同级别时，按其中高者确定。

注 4：由连续多级泵站串联组成的泵站系统，其级别可按系统总装机功率确定。

e.灌溉工程永久性水工建筑物级别

灌溉工程中的渠道及渠系永久性水工建筑物级别，应根据设计灌溉流量按表 1-9 确定。

表 1-9　灌溉工程永久性水工建筑物级别

设计灌溉流量/（m^3/s）	主要建筑物	次要建筑物
≥300	1	3
<300，≥100	2	3
<100，≥20	3	4
<20，≥5	4	5
<5	5	5

灌溉工程中的泵站永久性水工建筑物级别，应根据设计流量及装机功率按表 1-8 确定。

f.供水工程永久性水工建筑物级别

供水工程永久性水工建筑物级别，应根据设计流量按表 1-10 确定。供水工程中的泵站永久性水工建筑物级别，应根据设计流量及装机功率按表 1-10 确定。

表 1-10　供水工程的永久性水工建筑物级别

设计流量/（m^3/s）	装机功率/MW	主要建筑物	次要建筑物
≥50	≥30	1	3
<50，≥10	<30，≥10	2	3
<10，≥3	<10，≥1	3	4
<3，≥1	<1，≥0.1	4	5
<1	<0.1	5	5
注 1：设计流量指建筑物所在断面的设计流量。 注 2：装机功率指泵站包括备用机组在内的单站装机功率。 注 3：泵站建筑物按分级指标分属两个不同级别时，按其中高者确定。 注 4：由连续多级泵站串联组成的泵站系统，其级别可按系统总装机功率确定。			

承担县级市及以上城市主要供水任务的供水工程永久性水工建筑物级别不宜低于 3 级；承担建制镇主要供水任务的供水工程永久性水工建筑物级别不

宜低于4级。

②临时性水工建筑物的级别

水利水电工程临时性挡水、泄水等水工建筑物的级别，应根据保护对象、失事后果、使用年限和临时性挡水建筑物规模，按表1-11确定。

表1-11　临时性水工建筑物级别

级别	保护对象	失事后果	使用年限/年	临时性挡水建筑物规模	
				围堰高度/m	库容/10^8m^3
3	有特殊要求的1级永久性水工建筑物	淹没重要城镇、工矿企业、交通干线或推迟工程总工期及第一台（批）机组发电，推迟工程发挥效益，造成重大灾害和损失	＞3	＜50	＜1.0
4	1级、2级永久性水工建筑物	淹没一般城镇、工矿企业或影响工程总工期和第一台（批）机组发电，推迟工程发挥效益，造成较大经济损失	≤3，≥1.5	≤50，≥15	≤1.0，≥0.1
5	3级、4级永久性水工建筑物	淹没基坑，但对总工期及第一台（批）机组发电影响不大，对工程发挥效益影响不大，造成较小经济损失	＜1.5	＜15	＜0.1

当临时性水工建筑物根据表 1-11 中指标分属不同级别时，应取其中最高级别。列为 3 级的临时性水工建筑物，符合该级别规定的指标不得少于两项。

利用临时性水工建筑物挡水发电、通航时，经技术经济论证，临时性水工建筑物级别可提高一级。

失事后造成损失不大的 3 级、4 级临时性水工建筑物，其级别经论证后可适当降低。

2.洪水标准

（1）永久性水工建筑物洪水标准

水利水电工程永久性水工建筑物的洪水标准，应按山区、丘陵区和平原、滨海区分别确定。

当山区、丘陵区水库工程永久性挡水建筑物的挡水高度低于 15 m，且上下游最大水头差小于 10 m 时，其洪水标准宜按平原、滨海区标准确定；当平原、滨海区水库工程永久性挡水建筑物的挡水高度高于 15 m，且上下游最大水头差大于 10 m 时，其洪水标准宜按山区、丘陵区标准确定，其消能防冲洪水标准不低于平原、滨海区标准。

江河采取梯级开发方式，在确定各梯级水库工程的永久性水工建筑物的设计洪水与校核洪水标准时，还应结合江河治理和开发利用规划，统筹研究，相互协调。在梯级水库中起控制作用的水库，经专题论证并报主管部门批准，其洪水标准可适当提高。

堤防、渠道上的闸、涵、泵站及其他建筑物的洪水标准，不应低于堤防、渠道的防洪标准，并应留有安全裕度。

①水库及水电站工程永久性水工建筑物洪水标准

山区、丘陵区水库工程的永久性水工建筑物的洪水标准，应按表 1-12 确定。

平原、滨海区水库工程的永久性水工建筑物洪水标准，应按表 1-13 确定。

挡水建筑物采用土石坝和混凝土坝的混合坝型时，其洪水标准应采用土石坝的洪水标准。

表 1-12　山区、丘陵区水库工程永久性水工建筑物洪水标准

项目		永久性水工建筑物级别				
		1	2	3	4	5
设计/[重现期（年）]		1 000～500	500～100	100～50	50～30	30～20
校核洪水标准/[重现期（年）]	土石坝	可能最大洪水（PMF）或10 000～5 000	5 000～2 000	2 000～1 000	1 000～300	300～200
	混凝土坝、浆砌石坝	5 000～2 000	2 000～1 000	1 000～500	500～200	200～100

表 1-13　平原、滨海区水库工程永久性水工建筑物洪水标准

项目	永久性水工建筑物级别				
	1	2	3	4	5
设计/[重现期（年）]	300～100	100～50	50～20	20～10	10
校核洪水标准/[重现期（年）]	2 000～1 000	1 000～300	300～100	100～50	50～20

对土石坝，如失事后对下游造成特别重大灾害时，1 级永久性水工建筑物的校核洪水标准，应取可能最大洪水（probable maximum flood, PMF）或重现期 10 000 年一遇；2～4 级永久性水工建筑物的校核洪水标准，可提高一级。

对混凝土坝、浆砌石坝永久性水工建筑物，如洪水漫顶将造成极严重的损失时，1 级永久性水工建筑物的校核洪水标准，经专门论证并报主管部门批准

后，可取可能最大洪水或重现期 10 000 年标准。

山区、丘陵区水库工程的永久性泄水建筑物消能防冲设计的洪水标准，可低于泄水建筑物的洪水标准，根据永久性泄水建筑物的级别，按表 1-14 确定，并应考虑在低于消能防冲设计洪水标准时可能出现的不利情况。对超过消能防冲设计标准的洪水，允许消能防冲建筑物出现局部破坏，但必须不危及挡水建筑物及其他主要建筑物的安全，且易于修复，不致长期影响工程运行。

表 1-14　山区、丘陵区水库工程的消能防冲建筑物设计洪水标准

永久性泄水建筑物级别	1	2	3	4	5
设计洪水标准/[重现期（年）]	100	50	30	20	10

平原、滨海区水库工程的永久性泄水建筑物消能防冲设计洪水标准，应与相应级别泄水建筑物的洪水标准一致，按表 1-13 确定。

水电站厂房永久性水工建筑物的洪水标准，应根据其级别，按表 1-15 确定。河床式水电站厂房挡水部分或水电站厂房进水口作为挡水结构组成部分的洪水标准，应与工程挡水前沿永久性水工建筑物的洪水标准一致，按表 1-12 确定。

表 1-15　水电站厂房永久性水工建筑物洪水标准

水电站厂房级别		1	2	3	4	5
山区、丘陵区/[重现期（年）]	设计	200	200～100	100～50	50～30	30～20
	校核	1 000	500	200	100	50
平原、滨海区/[重现期（年）]	设计	300～100	100～50	50～20	20～10	10
	校核	2 000～1 000	1 000～300	300～100	100～50	50～20

当水库大坝施工高程超过临时性挡水建筑物顶部高程时，坝体施工期临时度汛的洪水标准，应根据坝型及坝前拦洪库容，按表 1-16 确定。根据失事后对

下游的影响，其洪水标准可适当提高或降低。

表 1-16　水库大坝施工期洪水标准

坝型	拦洪库容/10^8 m^3			
	≥10	<10，≥1.0	<1.0，≥0.1	<0.1
土石坝/[重现期（年）]	≥200	200～100	100～50	50～20
混凝土坝、浆砌石坝/[重现期（年）]	≥100	100～50	50～20	20～10

水库工程导流泄水建筑物封堵期间，进口临时挡水设施的洪水标准应与相应时段的大坝施工期的洪水标准一致。水库工程导流泄水建筑物封堵后，如永久泄洪建筑物尚未具备设计泄洪能力，坝体的洪水标准应在分析坝体施工和运行要求后按表 1-17 确定。

表 1-17　水库工程导流泄水建筑物封堵后坝体洪水标准

坝型		大坝级别		
		1	2	3
混凝土坝、浆砌石坝/[重现期（年）]	设计	200～100	100～50	50～20
	校核	500～200	200～100	100～50
土石坝/[重现期（年）]	设计	500～200	200～100	100～50
	校核	1000～500	500～200	200～100

水电站副厂房、主变压器场、开关站、进厂交通设施等的洪水标准，应按表 1-15 确定。

②拦河闸永久性水工建筑物洪水标准

拦河闸、挡潮闸挡水建筑物及其消能防冲建筑物的设计洪（潮）水标准，应根据其建筑物级别按表 1-18 确定。

潮汐河口段和滨海区水利水电工程永久性水工建筑物的潮水标准，应根据其级别按表 1-18 确定。对于 1 级、2 级永久性水工建筑物，若确定的设计潮水位低于当地历史最高潮水位，则应按当地历史最高潮水位校核。

表 1-18　拦河闸、挡潮闸永久性水工建筑物洪（潮）水标准

永久性水工建筑物级别		1	2	3	4	5
洪水标准/[重现期（年）]	设计	100～50	50～30	30～20	20～10	10
	校核	300～200	200～100	100～50	50～30	30～20
潮水标准/[重现期（年）]		≥100	100～50	50～30	30～20	20～10

注：对具有挡潮工况的永久性水工建筑物按表中潮水标准执行。

③防洪工程永久性水工建筑物洪水标准

防洪工程中堤防永久性水工建筑物的设计洪水标准，应根据其保护区内保护对象的防洪标准和经批准的流域、区域防洪规划综合研究确定，并应符合下列规定：

第一，保护区仅依靠堤防达到其防洪标准时，堤防永久性水工建筑物的洪水标准应根据保护区内防洪标准较高的保护对象的防洪标准确定。

第二，保护区依靠包括堤防在内的多项防洪工程组成的防洪体系达到其防洪标准时，堤防永久性水工建筑物的洪水标准应按经批准的流域、区域防洪规划中堤防所承担的防洪任务确定。

防洪工程中河道整治、蓄滞洪区围堤、蓄滞洪区内安全区堤防等永久性水工建筑物洪水标准，应按经批准的流域、区域防洪规划的要求确定。

④治涝、排水、灌溉和供水工程永久性水工建筑物洪水标准

治涝、排水、灌溉和供水工程永久性水工建筑物的设计洪水标准，应根据其级别按表 1-19 确定。

表 1-19　治涝、排水、灌溉和供水工程永久性水工建筑物设计洪水标准

建筑物级别	1	2	3	4	5
设计/[重现期（年）]	100～50	50～30	30～20	20～10	10

治涝、排水、灌溉和供水工程中的渠（沟）道永久性水工建筑物可不设校核洪水标准。治涝、排水、灌溉和供水工程的渠系建筑物的校核洪水标准，可根据其级别按表 1-20 确定，也可视工程具体情况和需要研究确定。

表 1-20　治涝、排水、灌溉和供水工程永久性水工建筑物校核洪水标准

建筑物级别	1	2	3	4	5
校核/[重现期（年）]	300～200	200～100	100～50	50～300	30～20

治涝、排水、灌溉和供水工程中泵站永久性水工建筑物的洪水标准，应根据其级别按表 1-21 确定。

表 1-21　治涝、排水、灌溉和供水工程泵站永久性水工建筑物洪水标准

永久性水工建筑物级别		1	2	3	4	5
洪水标准/[重现期（年）]	设计	100	50	30	20	10
	校核	300	200	100	50	20

（2）临时性水工建筑物洪水标准

临时性水工建筑物的洪水标准，应根据建筑物的结构类型和级别，按表 1-22 的规定综合分析确定。当临时性水工建筑物失事后果严重时，应考虑发生超标准洪水时的应急措施。

表 1-22　临时性水工建筑物洪水标准

建筑物结构类型	临时性水工建筑物级别		
	3	4	5
土石结构/[重现期（年）]	50～20	20～10	10～5
混凝土、浆砌石结构/[重现期（年）]	20～10	10～5	5～3

当临时性水工建筑物用于挡水发电、通航，其级别提高为 2 级时，其洪水标准应综合分析确定。

封堵工程出口临时挡水设施在施工期内的导流设计洪水标准，可根据工程重要性、失事后果等因素，在该时段 5～20 年重现期范围内选定。当封堵施工期临近或跨入汛期时应适当提高标准。

导流标准的选择受众多随机因素的影响。如果标准太低，不能保证施工安全；反之，则使导流工程规模过大，不仅增加导流费用，而且可能因其规模太大以致无法按期完成，造成工程施工的被动局面。因此，大型工程导流标准的确定，应结合风险度的分析。

（二）导流时段

在水利工程施工过程中，不同阶段可以采用不同的施工导流方法和挡水、泄水建筑物。不同导流方法组合的顺序，通常称为导流程序。导流时段就是按导流程序所划分的各施工阶段的延续时间。具有实际意义的导流时段，主要是围堰挡水而保证基坑干地施工的时间，所以也称挡水时段。

导流时段的划分与河流的水文特征、水工建筑物的布置和形式、导流方案、施工进度等因素有关。例如，按河流的水文特征，导流时段可分为枯水期、中水期和洪水期。合理划分导流时段，明确不同时段导流建筑物的工作条件，是既安全又经济地完成导流任务的基本要求。

关于导流设计流量，不过水围堰应根据导流时段来确定。如果围堰挡全年洪水，其导流设计流量就是选定导流标准的年最大流量，导流挡水与泄水建筑物的设计流量相同；如果围堰只挡某一枯水时段，则将该挡水时段内同频率洪水作为围堰和该时段泄水建筑物的设计流量。但确定泄水建筑物总规模的设计流量时，应按坝体施工期临时度汛洪水标准决定。

过水围堰允许基坑淹没的导流方案，从围堰工作情况看，有过水期和挡水期之分，显然它们的导流标准应有所不同。

过水期的导流标准应与不过水围堰挡全年洪水时的标准相同，其相应的导流设计流量主要用于围堰过水情况下，加固保护措施的结构设计和稳定性分析，也用于校核导流泄水道的过水能力。

挡水期的导流标准应结合水文特点、施工工期及挡水时段，经技术经济比较后选定。当水文系列较长，大于或等于 30 年时，也可根据实测流量资料分析选用。其相应的导流设计流量主要用于确定堰顶高程、导流泄水建筑物的规模及堰体的稳定性分析等。

二、导流方案选择

水利水电工程的施工，从开工到完工往往不止采用一种导流方法，而是采用几种导流方法，以取得最佳的技术经济效果。这种不同导流时段、不同导流方法的组合，通常称为导流方案。

导流方案的选择受多种因素的影响，必须在周密研究各种影响因素的基础上，对几个可行的导流方案进行技术经济比较，从中选择技术经济指标相对优越的导流方案。

选择导流方案时应考虑的因素较多，主要有以下几个方面：

（一）地形、地质条件

坝址河谷的地形、地质条件，往往是决定导流方案的主要因素。各种导流方案都必须充分利用有利地形，但也必须结合地质条件。有时河谷地形虽然适合分期导流，但由于河床覆盖层较深，纵向围堰基础防渗、防冲难以处理，不得不采用明渠导流。

（二）水文特性

河流的流量大小、水位变化的幅度、枯水期的长短、汛期洪水的延续时间、冬季的流冰及冰冻情况等，均直接影响导流方案的选择。一般来说，对于河床宽、流量大的河流，宜采用分段围堰法导流；对于水位变化幅度大的山区河流，可采用允许基坑淹没的导流方法，在一定时期内通过过水围堰和基坑来宣泄洪峰流量；对于枯水期不长的河流，如果不利用洪水期进行施工，就会拖延工期；对于有流冰的河流，应充分注意流冰的宣泄问题，以免流冰壅塞，影响泄流，造成导流建筑物失事。

（三）主体工程的形式与布置

水工建筑物的结构形式、总体布置、主体工程量等是导流方案选择的主要依据。导流需要尽量利用永久建筑物，坝址、坝型选择及枢纽布置也必须考虑施工导流。对于高土石坝，一般不采用分期导流，常用隧洞、涵洞、明渠等方式导流，不宜采用过水围堰，有时也允许坝面过水，但必须有可靠的保护措施。对于混凝土坝，允许坝面过水，常用过水围堰。但对主体工程规模较大、基坑施工时间较长的工程，宜采用不过水围堰，以保证基坑全年施工。对于低水头电站，有时还可利用围堰挡水发电，以提前受益，如葛洲坝工程、三峡工程等。

（四）施工总进度

导流方案与施工总进度的关系十分密切，不同的导流方案有不同的施工程序，不同的施工程序影响导流的分期和导流建筑物的布置，而施工程序的合理与否将影响工程受益时间和总工期。因此，在选择导流方案时，必须考虑施工总进度。例如，巴拉那河虽河床宽阔，具有分期导流条件，但为了加快施工进度和就近解决两岸土石坝的填料，伊泰普水电站工程采用了大明渠结合底孔的导流方案。

在选择导流方案时，除了综合考虑以上各方面的因素，还应使主体工程及早发挥效用。

导流方案的选择，必须根据工程的具体条件，拟定几个可行的方案，进行全面分析。由于施工导流在整个工程施工中的重要地位，选择导流方案时，不能仅仅从导流工程造价方面来分析，还必须从施工总进度、施工交通与布置、主体工程量与造价等方面进行全面的技术经济比较；在一定条件下，还须论证坝址、坝型及枢纽总体布置等的合理性。

最优的导流方案，一般有以下几方面的表现：

第一，整个枢纽工程施工进度快、工期短、造价低，能尽快发挥投资效益。

第二，主体工程施工安全，施工强度均衡，干扰小，保证施工的主动性。

第三，导流建筑物工程量少，造价低，施工方便，速度快。

第四，满足国民经济各部门（如通航、筏运及蓄水阶段的供水、移民等）的要求。

第三节　截流

一、截流的施工过程

堵截河道水流迫使其流向预定通道的工程措施，就是截流。截流实际上是在河床中修筑横向围堰工作的一部分。一般情况下，大江大河截流是一项难度比较大的工作。

截流施工的过程一般为：先在河床的一侧或两侧向河床中填筑截流戗堤，这种向水中筑堤的工作叫进占。戗堤填筑到一定程度，会把河床束窄，形成流速较大的龙口。封堵龙口的工作称为合龙。在合龙开始以前，为了防止龙口河床或戗堤端部被冲毁，须采取防冲措施对龙口进行加固。合龙以后，龙口部位的戗堤虽已高出水面，但其本身依然漏水，因此须在其迎水面设置防渗设施。在戗堤全线上设置防渗设施的工作叫闭气。所以，整个截流过程包括戗堤的进占、龙口部位的加固、合龙和闭气等工作。截流以后，再在这个基础上对戗堤进行加高培厚，直至达到围堰设计要求。

截流在施工导流中占有重要的地位。如果截流不能按时完成，就会延误整个河床部分建筑物的开工日期；如果截流失败，失去了以水文年计算的良好截流时机，则可能拖延工期达一年。所以在施工导流中，常把截流看作一个关键性问题，它是影响施工进度的一个重要项目。

截流之所以被重视，还因为截流本身无论在技术上还是在施工组织上都具有一定的艰巨性和复杂性。为了胜利截流，必须充分掌握河流的水文特性和河床的地形、地质条件，掌握截流过程中水流的变化规律等。为了顺利进行截流，必须在非常狭小的工作面上，以相当大的施工强度在较短的时间内进行截流的各项工作，为此必须严密组织施工。对于大河流的截流工程，必须事先进行缜密的设计和水工模型试验，对截流工作作出充分论证。此外，在截流开始之前，还必须切实做好设备、组织等方面的准备工作。

二、截流的基本方法

截流的基本方法有立堵法截流和平堵法截流两种。

（一）立堵法截流

立堵法截流是将截流材料，从龙口一端向另一端或从两端向中间抛投进占，逐渐束窄龙口，直至全部拦断。截流材料通常用自卸汽车在进占戗堤的端部直接卸料入水，个别巨大的截流材料也有用起重机、推土机投放入水的。

立堵法截流不需要在龙口架设浮桥或栈桥，准备工作比较简单，费用较低。但截流时龙口的单宽流量较大，出现的最大流速较高，而且流速的分布很不均匀，需用单个重量较大的截流材料。在截流时，工作前线狭窄，抛投强度受到限制，施工进度受到影响。根据国内外截流工程的实践可知，立堵法截流一般适用于流量大、岩基或覆盖层较薄的岩基河床；软基河床如果护底措施得当，也可采用立堵法截流。

（二）平堵法截流

平堵法截流事先要在龙口架设浮桥或栈桥，用自卸汽车沿龙口全线从浮桥或栈桥上均匀地抛填截流材料直至戗堤高出水面为止。因此，平堵法截流时，龙口的单宽流量较小，出现的最大流速较低，且流速分布均匀，截流材料单个重量也较小，截流时工作前线长，抛投量较大，施工进度快。但在通航河道，龙口的浮桥或栈桥会妨碍通航。平堵法截流常用于软基河床上。

相关人员应根据施工条件，充分研究两种截流方法对工程的影响，然后通过试验研究和分析比较来选择合适的截流方法。有的工程会先用立堵法进占，而后在小范围龙口内用平堵法截流，这种方法称为立平堵法。严格说来，平堵法都先以立堵进占开始，而后平堵，类似于立平堵法，不过立平堵法的龙口较窄。

三、截流日期和截流设计流量

截流日期的选择，既要把握截流时机，选择在最枯流量时段进行，又要为后续的基坑工作和主体建筑物施工留有余地，以确保整个工程的施工进度。在确定截流日期时，应考虑以下几个要求：

第一，截流以后，需要继续加高围堰，完成排水、清基、基础处理等大量基坑工作，并应把围堰或永久建筑物在汛期前抢修到一定高程。为了保证这些工作的完成，截流日期应尽量提前。

第二，在通航河流上进行截流，截流日期最好选在对航运影响较小的时段。因为截流过程中，航运必须停止，即使船闸已经修好，因截流时水位变化较大，也须停航。

第三，在北方有冰凌的河流上，截流不应在流冰期进行。因为冰凌很容易堵塞河道或导流泄水建筑物，壅高上游水位，会给截流带来极大困难。

此外，在截流开始前，应修好导流泄水建筑物，并做好过水准备。例如，清除影响泄水建筑物运用的围堰或其他设施，开挖引水渠，完成截流所需的其他材料、设备、交通道路等的准备工作等。

综上所述，截流日期一般多选在枯水期初，流量已有明显下降的时候，而不一定选在流量最小的时刻。但是，在截流设计时，根据历史水文资料确定的枯水期和截流流量与截流时的实际水文条件往往有一定出入。因此，在实际施工中，还须根据当时的水文气象预报及实际水情分析进行修正，最后确定截流日期。

龙口合龙所需的时间往往是很短的，一般从数小时到几天。为了估计在此时段内可能发生的水情，做好截流的准备，须选择合理的截流设计流量。一般可按工程的重要程度选用截流时期内 10%～20%频率的旬或月平均流量。如果水文资料不足，可用短期的水文观测资料或根据条件类似的工程来选择截流设计流量。无论用什么方法确定截流设计流量，都必须根据当时的实际情况和水文气象预报加以修正，按修正后的流量进行各项截流的准备工作。

四、龙口位置和宽度

龙口位置的选择，与截流工作顺利与否密切相关。

选择龙口位置时，主要考虑以下一些技术要求：

第一，一般情况下，龙口应设置在河床主流部位，方向力求与主流顺直，使截流前河水能较顺畅地经由龙口下泄。但有时也可以将龙口设置在河滩上，此时，为了使截流时的水流平顺，应在龙口上下游顺河流流势按流量大小开挖引河。龙口设在河滩上时，一些准备工作就不必在深水中进行，这对确保施工进度和施工质量均比较有利。

第二，龙口应选择在耐冲河床上，以免截流时因流速增大，引起过分冲刷。如果龙口段河床覆盖层较薄，则应清除；否则，应进行护底防冲。

第三，龙口附近应有较宽阔的场地，以便布置截流运输路线和制作、堆放截流材料。

原则上龙口宽度应尽可能窄些，这样合龙的工程量就小些，截流的延续时间也短些，但以不引起龙口及其下游河床的冲刷为限。为了提高龙口的抗冲能力，减小合龙的工程量，须对龙口加以保护。

龙口的保护包括护底和裹头。护底一般采用抛石、沉排等。裹头就是用石块、钢筋石笼、黏土麻袋包或草包、竹笼、柴石枕等把戗堤的端部保护起来，以防被水流冲塌。裹头多用于平堵戗堤两端或立堵进占端对面的戗堤。龙口宽度及其防护措施，可根据相应的流量及龙口的抗冲流速来确定。在通航河道上，当截流准备期通航设施尚未投入运用时，船只仍需在截流前由龙口通过。这时龙口宽度便不能太窄，流速也不能太大，以免影响航运。例如，葛洲坝工程的龙口，由于考虑通航流速不能大于 3.0 m/s，所以龙口宽度达 220 m。

五、截流材料和备料量

截流材料的选择，主要取决于截流时可能到达的流速及工地开挖、起重、运输设备的能力，一般应尽可能就地取材。在北方水利工程施工中，长期以来用梢料、麻袋、草包、石料、土料等作为堤防溃口的截流堵口材料。在南方水利工程施工中，则常用卵石竹笼、砾石等作为截流堵河分流的主要材料。国内外大江大河截流的实践证明，块石是截流的基本材料之一。此外，当截流水力条件较差时，还需使用人工块体，如混凝土六面体、混凝土四面体、混凝土四脚体及钢筋混凝土构架等，如图 1-5 所示。

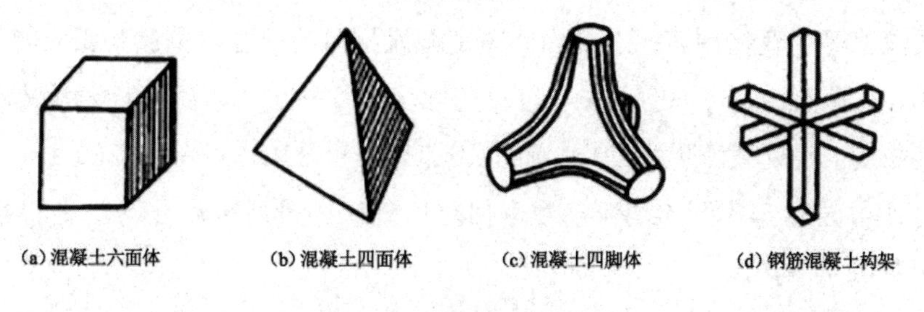

图 1-5　截流人工块体

为了确保截流既安全顺利又经济合理，正确计算截流材料的备料量是十分必要的。备料量通常按设计的戗堤体积再增加一定富裕度，主要是考虑到堆存、运输中的损失、戗堤沉陷以及可能发生比设计更坏的水力条件而预留的备用量等。但是据不完全统计，国内外许多工程的截流材料备料量均超过实际用量，少则多 50%，多则达 400%，尤其是人工块体大量多余。

造成截流材料备料量过大的原因主要有：①截流模型试验的推荐值本身就包含了一定安全富裕度，截流设计提出的备料量又增加了一定富裕度，而施工单位在备料时往往在此基础上又留有余地；②水下地形不太准确，在计算戗堤体积时，常从安全角度考虑取偏大值；③设计截流流量通常大于实际出现的流量等。如此层层加码，处处考虑安全富裕度，即使如青铜峡工程的截流流量实际值大于设计值，仍然出现备料量比实际用量多 78.6%的情况。因此，如何正确估计截流材料的备用量，是一个很重要的课题。当然，备料量等于用料量不大可能，需留有余地。但对剩余材料，应预做筹划，安排好用处，特别像四面体等人工材料，大量弃置既浪费又影响环境，可考虑用于护岸或其他河道整治工程。

六、截流水力计算

截流水力计算的目的是确定龙口位置各水力参数的变化规律。截流水力计算主要解决两个问题：一是确定截流过程中龙口各水力参数，如单宽流量、落差及流速等的变化规律；二是由此确定截流材料的尺寸、重量及相应的数量。这样，在截流前，可以有计划、有目的地准备各种尺寸、重量的截流材料并确定其数量，规划截流现场的场地布置，选择起重、运输设备；在截流时，能预先估计不同龙口宽度的截流参数，何时何处应抛投何种尺寸、重量的截流材料及其数量等。

在截流过程中，上游来水量，也就是截流设计流量，将分别经龙口、分水建筑物及戗堤的渗漏下泄，并有一部分拦蓄在水库中。在截流过程中，若库容不大，拦蓄在水库中的水量可以忽略不计。对于立堵法截流，作为安全因素，也可忽略经戗堤渗漏的水量。这样截流时的水量平衡方程为：

$$Q_0=Q_1+Q_2 \tag{1-4}$$

式中：Q_0——截流设计流量，m^3/s；

Q_1——分水建筑物的泄流量，m^3/s；

Q_2——龙口的下泄流量，可按宽顶堰计算，m^3/s。

随着截流戗堤的进占，龙口逐渐被束窄，因此经分水建筑物和龙口的泄流量是变化的，但二者之和恒等于截流设计流量。经分水建筑物和龙口的泄流量的变化规律是：在截流开始时，大部分截流设计流量经龙口泄流，随着截流戗堤的进占，龙口断面不断缩小，上游水位不断上升，经龙口的泄流量越来越小，而经分水建筑物的泄流量则越来越大。龙口合龙闭气以后，截流设计流量全部经分水建筑物泄流。

为了方便计算，可采用图解法，先绘制上游水位与分水建筑物泄流量 Q_1 的关系曲线和上游水位与不同龙口宽度的泄流量关系曲线。在绘制曲线时，下游水位视为常量，可根据截流设计流量，由下游水位流量关系曲线查得。这样，在同一上游水位情况下，当分水建筑物泄流量与某宽度龙口泄流量之和为 Q_0 时，即可分别得到 Q_1 和 Q_2。

根据图解法可同时求得不同龙口宽度时上游水位和 Q_1、Q_2 的值，由此再通过水力学计算即可求得截流过程中龙口各水力参数的变化规律。

在截流中，合理地选择截流材料的尺寸或重量，对于截流的成败和节省截流费用具有重要意义。截流材料的尺寸或重量取决于龙口的流速。

当采用立堵法截流时，截流材料抵抗水流冲动的流速可按下式估算：

$$v = k\sqrt{2g\frac{r_1 - r}{r}D} \tag{1-5}$$

式中：v——水流流速，m/s；

k——稳定系数；

g——重力加速度，m/s^2；

r_1——石块容重，t/m^3；

r——水容重，t/m^3；

D——石块折算成球体的化引直径，m。

平堵法截流水力计算的方法，与立堵法类似。

应该指出的是，平堵法、立堵法截流的水力条件非常复杂，尤其是立堵法截流，上述计算只能作为初步依据。在大中型水利水电工程中，截流工程必须进行模型试验。但模型试验时对抛投体的稳定也只能作出定性分析，还不能满足定量要求。故在试验的基础上，还必须考虑类似工程的截流经验，作为修改截流设计的依据。

第四节 围堰

围堰是导流工程中的临时挡水建筑物，用来围护施工基坑，保证水工建筑物能在干地施工。在导流任务完成以后，如果围堰对永久建筑物的运行有妨碍，应予以拆除。

一、围堰工程的分类

按使用材料，围堰可分为土石围堰、混凝土围堰、钢板桩格型围堰、木笼围堰及草土围堰等。

按与水流的相对位置，围堰可分为横向围堰（与河流水流方向大致垂直）和纵向围堰（与河流水流方向大致平行）。

按与坝轴线的相对位置，围堰可分为上游围堰和下游围堰。

按导流期间是否允许过水，围堰可分为过水围堰和不过水围堰。

按施工期，围堰可分为一期围堰和二期围堰等。

按受力条件，围堰可分为重力式围堰和拱式围堰等。

按防渗结构，围堰可分为心墙式围堰、斜墙式围堰和斜心墙式围堰等。

二、围堰的特点及基本要求

（一）围堰的特点

围堰作为临时建筑物，除应满足一般挡水建筑物的基本要求外，还具有以下特点：

第一，施工期短，一般要求在一个枯水期内完成，并在当年汛期挡水。

第二，一般需进行水下施工，而水下作业质量往往不容易保证。

第三，完成挡水任务后，围堰常常需要拆除，尤其是下游围堰。

（二）围堰的基本要求

围堰的基本要求主要有以下几点：

第一，具有足够的稳定性、防渗性、抗冲性和强度。

第二，造价便宜，构造简单，修建、维护和拆除方便。

第三，围堰的布置应力求使水流平顺，不发生严重的局部冲刷。

第四，围堰的接头和岸边连接要安全可靠。

第五，必要时应设置抵抗冰凌、航筏冲击和破坏的设施。

三、常用的围堰形式及适用条件

（一）土石围堰

土石围堰结构简单，可就地取材，充分利用开挖弃料；既可机械化施工，又可人工填筑；既便于快速施工，又易于拆除；并可在任何地基上修建。所以，土石围堰是用得最广泛的一种围堰形式。但是，土石围堰断面尺寸较大，抗冲能力差，一般用作横向围堰。在宽阔河床上，如果有可靠的防冲措施，土石围堰也可作纵向围堰。例如，葛洲坝一期工程纵向土石围堰，用混凝土护坡、抛石护脚，并设两道挑流矶头，抗冲流速达 7 m/s，经 6 年洪水考验，情况良好。土石围堰一般不允许过水，但堰面采取保护措施后，也常用作过水围堰，如上犹江、拓溪、大化等工程的土石过水围堰，单宽流量达到 40 m^3/s。

土石围堰根据防渗体不同又有多种形式，如心墙式、斜墙式、心墙加上游铺盖式和防渗墙式等。

（二）混凝土围堰

混凝土围堰具有抗冲能力强、防渗性能好、断面尺寸小、易于同永久建筑物结合、允许过水等优点，虽然造价较高，但仍被广泛使用。混凝土围堰一般要求修建在岩基上，并同基岩良好连接。在枯水期基岩出露的河滩上修建纵向围堰，易于满足上述要求。我国纵向围堰多采用混凝土围堰，并常与永久导墙相结合，如三门峡、丹江口、潘家口等工程。

（三）钢板桩格型围堰

钢板桩格型围堰断面尺寸小，抗冲能力强，可以修建在岩基或非岩基上，堰顶浇筑混凝土盖板后也可以做过水围堰。钢板桩格型围堰在修建时可进行干地施工或水下施工，钢板桩的回收率在70%以上，故在国外得到广泛使用。

（四）竹笼围堰

竹笼围堰是用内填块石的圆柱形竹笼堆叠而成的，在迎水面用木板，混凝土面板或填黏土阻水，是一种利用当地材料的围堰形式，多用于我国南方。如果采用铅丝笼填石代替竹笼也是同一种类型。竹笼的使用年限一般为1～2年，竹材经防腐处理后，使用年限可达2～4年。竹笼围堰允许过水，对岩基或软弱地基均适用。它的断面尺寸较小，具有一定的抗冲能力，可用作纵向围堰，也可用作横向围堰。但竹笼填石施工不易机械化，一般需人工施工。采用竹笼围堰的工程有富春江水电站工程等。

（五）木笼围堰

木笼围堰具有断面尺寸小、抗冲能力强、施工速度快等优点。堰顶加混凝土盖板后可以过水，因此用作纵向围堰具有一定优势。我国采用木笼围堰或木笼土石混合围堰的工程有新安江工程、建溪工程、西津工程等。但它的木材耗量大，且木材较难回收和重复使用，在当前木材短缺的情况下，使用范围受到限制。如果用预制钢筋混凝土构件代替木笼，也是同一类型。

（六）草土围堰

草土围堰是我国劳动人民长期同洪水斗争的智慧结晶之一。早在几千年前，草土围堰已应用在宁夏引黄灌区渠口工程中，至今在黄河流域的堵口工程中仍普遍采用。在西北地区的水利水电工程中草土围堰广为应用，如青铜峡、盐锅峡、安康等工程。草土围堰施工简单，速度快，造价低，便于修建和拆除，并具有一定的抗冲、防渗能力，对基础沉陷变形适应性好，可用于软基或岩基。草土围堰可作纵向围堰或横向围堰，但堰顶不能过水。一般情况下，草土围堰的使用年限为1～2年。

四、围堰的平面布置

围堰的平面布置是一个很重要的问题，如果平面布置不当，维护基坑的面积过大，会增加排水设备容量；维护基坑的面积过小，则会妨碍主体工程施工，影响工期，更有甚者，会造成水流宣泄不畅，冲刷围堰及其基础，影响主体工程的施工安全。围堰的平面布置一般应按导流方案、主体工程轮廓和具体工程要求而定。

围堰的平面布置主要包括围堰外形轮廓布置和堰内基坑范围确定两个方面。外形轮廓不仅与导流泄水建筑物的布置有关，而且取决于围堰种类、地质条件以及对防冲措施的考虑。堰内基坑范围大小主要取决于主体工程的轮廓和相应的施工方法。当采用全段围堰法导流时，堰内基坑是由上下游围堰和河床两岸围成的。当采用分期导流时，堰内基坑是由纵向围堰与上下游横向围堰围成的。在上述两种情况下，上下游横向围堰的布置都取决于主体工程的轮廓。通常基坑坡脚距离主体工程轮廓的距离，不应小于20～30 m，以便布置排水设施、交通运输道路、堆放材料和模板等。至于基坑开挖边坡的大小，则与地质条件有关。

采用分段围堰法导流时，上下游横向围堰一般不与河床中心线垂直，而多布置成梯形，以保证水流顺畅，同时也便于运输道路的布置和衔接。采用全段围堰法导流时，为了减少工程量，横向围堰多与主河道垂直。

五、围堰堰顶高程的确定

围堰堰顶的高程，不仅取决于导流设计流量和导流建筑物的形式、尺寸、平面布置、糙率等，还要考虑到河流的综合利用和主体工程的工期等因素。

下游围堰的堰顶高程，由河床水位-流量关系曲线查得通过导流设计流量时的水位，然后加上安全超高，即可得到，即

$$H_d = h_d + \delta \tag{1-6}$$

式中：H_d——下游围堰堰顶高程，m；

h_d——下游水面高程，m；

δ——安全超高，可由规范查得，m。

上游围堰堰顶高程为

$$H_u = h_d + Z + \delta \tag{1-7}$$

式中：H_u——上游围堰堰顶高程，m；

Z——上下游水位差，m。

其余符号意义同前。

当围堰拦蓄一部分水流时，堰顶高程应通过调洪演算来确定。纵向围堰的堰顶高程，要与束窄河床中宣泄导流设计流量时的水面线相适应，其上下游端部分别与上下游横向围堰同高，所以其顶面常常做成倾斜状。

六、围堰的拆除

围堰是临时建筑物，导流任务完成以后，应按设计要求进行拆除，以免影响永久建筑物的施工及运行。当采用分段围堰法导流时，如果一期上下游横向围堰拆除不合要求，势必增加上下游水位差，增加截流材料的重量及数量，从而增加截流的难度和费用。如果下游围堰拆除不到位，会抬高尾水位，影响水轮机的利用水头，降低水轮机的出力，造成不必要的损失。

围堰的拆除工作量较大，因此应尽可能在施工期最后一次汛期过后，在上下游水位下降时，就从围堰的背水坡开始分层拆除。但必须保证依次拆除后残留围堰断面能满足继续挡水和稳定的要求，以免发生安全事故，使基坑过早淹没，影响施工。

土石围堰一般可用挖土机械或爆破法拆除。草土围堰水上部分可人工分层拆除，水下部分可在堰体开挖缺口，使其过水冲毁或用爆破法拆除。钢板桩围堰的拆除，首先要用抓斗或吸石器将填料清除，然后用拔桩机拔出钢板。混凝土围堰的拆除，一般只能用爆破法拆除，但必须做好爆破设计，使主体建筑物或其他设施不受爆破危害。

第五节　施工排水

在截流戗堤合龙闭气以后，就要排除基坑中的积水和渗水，随后在开挖基坑和进行基坑内建筑物的施工时，还要经常不断地排除渗入基坑内的渗水和可能遇到的降水，以保证干地施工。在河岸上修建水工建筑物时，如基坑低于地下水位，也要进行基坑排水。

一、基坑排水的分类

基坑排水工作按排水时间及性质，一般可分为：①基坑开挖前的初期排水，包括基坑积水、基坑积水排除过程中围堰及基坑的渗水和降水的排除；②基坑开挖及建筑物施工过程中的经常性排水，包括围堰和基坑的渗水、降水，地基岩石冲洗及混凝土养护所用废水的排除等。

二、初期排水

（一）排水流量的确定

初期排水包括基坑积水、围堰堰身和地基及岸坡渗水、围堰接头漏水、降雨汇水等的排除。对于混凝土围堰，堰身可视为不透水层，除基坑积水外，只计算基础渗水量；对于木笼、竹笼等围堰，如施工质量较好，渗水量也很小，但如施工质量较差，则漏水较大。围堰接头漏水的情况也是如此。降雨汇水计算标准可同经常性排水。初期排水总抽水量为上述各项之和，其中应包括围堰堰体水下部分及覆盖层地基的含水量。积水的计算水位，根据截流程序不同而异。当先截上游围堰时，基坑水位可用截流时的下游水位；当先截下游围堰时，基坑水位可近似采用截流时的上游水位。过水围堰基坑水位应根据退水闸的泄水条件确定。当无退水闸时，抽水的起始水位可按下游堰顶高程计算。

排水时间主要受基坑水位下降速度的限制。基坑水位允许下降速度视围堰形式、地基特性及基坑内水深而定。水位下降太快，则围堰或基坑边坡处动水压力变化过大，容易引起塌坡；水位下降太慢，则影响基坑开挖时间。一般下降速度限制在 0.5～1.5 m/d，对土石围堰取下限，对混凝土围堰取上限。

排水时间的确定，应考虑基坑工期的紧迫程度、基坑水位允许下降速度、各期抽水设备及相应用电负荷的均匀性等因素。

排水量的计算：①根据围堰形式计算堰身及地基渗流量，得出基坑内外水位差与渗流量的关系曲线，然后根据基坑允许下降速度，考虑不同高程的基坑面积后计算出基坑排水强度曲线；②将上述两条曲线叠加后，便可求得初期排水的强度曲线，其中最大值为初期排水的计算强度；③根据基坑允许下降速度，确定初期排水时间；④以不同基坑水位的抽水强度乘上相应的区间排水时间总和，便得初期排水总量。

还可以根据下式来初步估算排水量：

$$Q=\frac{(2\sim3)\ V}{T} \tag{1-8}$$

式中：Q——初期排水流量，m^3/s；

V——基坑的积水体积，m^3；

T——初期排水的时间，s。

在实际施工中，制订措施计划时，还常用试抽法来确定设备容量。试抽时有以下三种情况：

第一，水位下降很快，表明原选用设备容量过大，应关闭部分设备，使水位下降速度符合设计规定。

第二，水位不下降，原因有两种可能——基坑有较大漏水通道或抽水容量过小，此时应查明漏水部位并及时堵漏，或加大抽水容量再行试抽。

第三，水位下降至某一深度后不再下降，表明排水量与渗水量相等，需增大抽水容量并检查渗漏情况，进行堵漏。

（二）排水泵站的布置

在布置排水泵站时，应尽量做到扬程低、管路短、迁移少、基础牢、便于管理、施工干扰少，并尽可能使排水和施工用水相结合。

初期排水布置视基坑积水深度不同，有固定式抽水站和移（浮）动式抽水站两种。由于水泵的允许吸出高度在 5 m 左右，因此当基坑水深在 5 m 以内时，可采用固定式抽水站，此时常设在下游围堰的内坡附近。当抽水强度很大时，可在上下游围堰附近分设两个以上抽水站。当基坑水深大于 5 m 时，宜采用移（浮）动式抽水站。此时水泵可布置在沿斜坡的滑道上，利用绞车操纵其上下移动；或布置在浮动船、筏上，随基坑水位上升和下降，避免水泵在抽水过程中多次移动，影响抽水效率。

三、经常性排水

（一）排水系统的布置

排水系统的布置通常应考虑两种不同的情况：一种是基坑开挖过程中的排水系统布置；另一种是基坑开挖完成后建筑物施工过程中的排水系统布置。在具体布置时，最好能将两种情况结合起来考虑，以使排水系统尽可能不影响施工。

1.基坑开挖过程中的排水系统布置

基坑开挖过程中的排水系统布置应以不妨碍开挖和运输工作为原则，且应根据土方分层开挖的要求，分次降低地下水位，通过不断降低排水沟高程，使每一开挖土层呈干燥状态。在基坑开挖过程中，一般常将排水干沟布置在基坑中部，以便于两侧出土。随着基坑开挖工作的进行，应逐渐加深排水干沟和支沟，通常保持干沟深度为 1.0～1.5 m，支沟深度为 0.3～0.5 m；集水井布置在建筑物轮廓线的外侧，并应低于干沟的沟底。

有时基坑的开挖深度不一，即基坑底部不在同一高程，这时应根据基坑开挖的具体情况布置排水系统。有的工程采用层层截流、分级抽水的方式，即在不同高程上布置截水沟、集水井和水泵，进行分级排水。

2.基坑开挖完成后建筑物施工过程中的排水系统布置

该阶段排水的目的是控制水位低于基坑底部高程，保证施工在干地条件下进行。建筑物施工过程中的排水系统通常都布置在基坑的四周，排水沟应布置在建筑物轮廓线的外侧，距基坑边坡坡脚不小于 0.3～0.5 m；排水沟的断面和底坡，取决于排水量的大小；一般排水沟底宽不小于 0.3 m，沟深不大于 1.0 m，底坡不小于 2%。在密实土层中，排水沟可以不用支撑；但在松土层中，则需木板支撑。

水经排水沟流入集水井，设置在井边的水泵站将水从集水井中抽出。集水井布置在建筑物轮廓线以外较低的地方，它与建筑物外缘的距离必须大于井的深度。井的容积至少要保证水泵停工 10～15 min，由排水沟流入集水井中的水量不致漫溢。

为防止降雨时因地面径流进入基坑而增加排水量甚至淹没基坑，影响正常施工，往往在基坑外缘挖设排水沟或截水沟，以拦截地面水。排水沟或截水沟的断面尺寸及底坡应根据流量和土质确定，一般沟宽和沟深不小于 0.5 m，底坡坡度不小于 2%。此外，基坑外地面排水最好与道路排水系统结合，便于采用自流排水。

（二）排水量的估计

经常性排水包括围堰和基坑的渗水、排水过程中的降水、施工弃水等的排除。

1.围堰和基坑的渗水

该部分排水量主要计算围堰堰身和基坑地基渗水两部分，应按围堰工作过程中可能出现的最大渗透水头来计算。最大渗水量还应考虑围堰接头漏水及岸坡渗流水量等。

2.排水过程中的降水

该部分排水量取最大渗透水头出现时段中日最大降雨强度进行计算。当基坑有一定的集水面积时，需修建排水沟或截水墙，将附近山坡形成的地表径流引向基坑以外。当基坑范围内有较大集雨面积的溪沟时，还须有相应的导流措施，以防暴雨径流淹没基坑。

3.施工弃水

施工弃水包括混凝土养护用水、冲洗用水（凿毛冲洗、模板冲洗和地基冲洗等）、冷却用水、土石坝的碾压和冲洗用水及施工机械用水等。排水量应根据气温条件、施工强度、混凝土浇筑层厚度、结构形式等确定。例如，混凝土养护用水，可以每立方米混凝土每次用水 5 L，每天养护 8 次计算，但降水和施工用水不得叠加。

四、人工降低地下水位

在经常性排水过程中，为保证基坑开挖工作始终在干地条件下进行，常常要多次降低排水沟和集水井的高程，变换水泵站的位置，因而会影响开挖工作的正常进行。此外，在开挖细沙土、砂质壤土一类的地基时，随着基坑底面的下降，坑底与地下水高差越来越小，在地下水渗透压力作用下，容易产生边坡坍塌、坑底隆起等事故，给井挖工作带来不利影响。采用人工降低地下水位的方法可在一定程度上避免上述问题的发生。

人工降低地下水位的方法按排水工作原理来分有管井法和井点法两种。

（一）管井法降低地下水位

采用管井法降低地下水位，应在基坑周围布置一系列管井，并在管井中放入水泵的吸水管，使在重力作用下流入井中的地下水，被水泵抽走。

采用管井法降低地下水位，需先设管井。管井通常由钢管下沉形成，在缺乏钢管时也可用预制混凝土管代替。

井管的下部安装水管节（滤头），有时在井管外还需设置反滤层。地下水从滤水管进入井管中，水中的泥沙则沉淀在滤水管中。

井管通常用射水法下沉，当土层中夹有硬黏土、岩石时，需配合钻机钻孔。当采用射水下沉时，先用高压水冲土，下沉套管，较深时可配合振动或锤击，然后在套管中插入井管，最后在套管与井管的间隙中间填反滤层等。

管井中可应用各种抽水设备，但主要采用离心式水泵、深井水泵或潜水泵。

（二）井点法降低地下水位

井点法和管井法不同，它把井管和水泵的吸水管合二为一，简化了井的构造，便于施工。井点法降低地下水位的设备，根据其降深能力分轻型井点（浅井点）和深井点等。

1.轻型井点

轻型井点是由井管、集水总管、普通离心式水泵、真空泵和集水箱等设备组成的一个排水系统。

轻型井点的井管直径为38～50 mm，间距为0.6～1.8 m，最大可到3.0 m。地下水从井管下端的滤水管借真空泵和水泵的作用流入管内，沿井管上升汇入集水总管，经集水箱，由水泵抽出。

轻型井点系统在排水时，地下水位的下降深度取决于集水箱的真空度与管路的漏气和水头损失。一般集水箱内真空度为53～80 kPa（约400～600 mmHg），相应的吸水高度为5～8 m，扣去各种损失后，地下水位的下降深度约为4～5 m。当要求地下水位降低的深度超过4～5 m时，可以像管井法一样分层布置井点，每层控制3～4 m，但以不超过三层为宜。

2.深井点

深井点与轻型井点不同，它的每一根井管上都装有扬水器（水力扬水器或压气扬水器），因此它不受吸水高度的限制，有较大的降深能力。深井点有喷射井点、压气扬水井点和电渗井三种。

（1）喷射井点

喷射井点由集水池、高压水泵、输水干管和喷射井管等组成。喷射井点的排水过程如下：扬程为6×10^5～1×10^6 Pa（约6～10个大气压）的高压水泵将高压水压入内管与外管间的环形空间，经进水孔由喷嘴以10～50 m/s的高速喷出，由此产生负压，使地下水经滤管吸入内管，在混合室中与高速的工作水混合，经喉管和扩散管后，流速水头转变为压力水头，将水压到地面的集水池中。

高压水泵从集水池中抽水作为工作水，而池中多余的水则任其流走或用低压水泵抽走。通常一台高压水泵能为30～35个井点服务，其最适宜的降低水位范围为5～18 m。喷射井点的排水效率不高，一般用于渗透系数为3～50 m/d，渗流量不大的场合。

（2）压气扬水井点

压气扬水井点是用压气扬水器进行排水的。在排水时，压缩空气由输气管送来，由喷气装置进入扬水管，于是管内容重较轻的水气混合液在管外压力的作用下，沿扬水管上升到地面排走。为了达到一定的扬水高度，必须将扬水管沉入井中足够的潜没深度，使扬水管内外有足够的压力差。

压气扬水井点降低地下水位可达40 m。

（3）电渗井

在渗透系数小于0.1 m/d的黏土或淤泥中降低地下水位时，比较有效的方法是电渗井点降水。

当采用电渗井点排水时，应沿基坑四周布置两列正、负电极。正极通常用金属管做成，负极就是井点的排水井。在土中通过电流以后，地下水将从金属管（正极）向井点（负极）移动集中，然后再由井点系统的水泵抽走。电流由直流发电机提供。

第二章 地基处理

第一节 地基处理概述

在水利工程建设中，当天然地基不能满足建（构）筑物对地基的要求时，需要对天然地基进行地基处理，形成人工地基，以满足建（构）筑物对地基的要求，保证其安全与正常使用。

一、地基处理的意义

建（构）筑物的地基问题，主要有以下四个：

一是强度及稳定性问题。当地基的抗剪强度不足以支承上部结构的自重及外荷载时，地基就会产生局部或整体剪切破坏。

二是压缩及不均匀沉降问题。当地基在上部结构的自重及外荷载作用下产生过大的变形时，会影响结构物的正常使用，特别是当出现超过建筑物所能容许的不均匀沉降时，结构可能开裂破坏。当沉降较大时，不均匀沉降往往也较大，湿陷性黄土遇水而发生剧烈的变形也可包括在这一类地基问题中。

三是渗漏问题。地基的渗漏量或水力坡降超过容许值时，会发生水量损失，或因潜蚀和管涌而可能导致事故的发生。

四是振动液化问题。地震、机器以及车辆的振动、波浪作用和爆破等动力荷载可能引起地基土（特别是饱和无黏性土）的液化、失稳和震陷等。

当建（构）筑物的天然地基存在以上四个问题之一或其中几个时，则须采取地基处理措施以保证建（构）筑物的安全与正常使用。有的可在上部结构采取一些措施，以减小地基问题对建（构）筑物的影响。

地基问题的处理恰当与否，关系到整个工程质量、投资和进度。因此，越来越多的人开始重视地基处理。

我国地域辽阔，从沿海到内地，由山区到平原，分布着多种多样的地基土，其抗剪强度、压缩性及透水性等，因土的种类不同而存在很大差别。在各种地基中，不少为软弱地基和不良地基。近年来，我国许多建设工程遇到不良地基，因此，地基处理的要求也就越来越迫切和严格。

二、地基处理的对象

上部结构所引起的地基中附加应力是随着深度增加而减小的，最后减小为零。所以，一定深度内的土层即为结构物的主要受力层。在通常情况下，地基的稳定性与变形主要取决于该深度内土层的力学性能。若该土层的力学性能指标不能满足地基承载力的要求，人们就必须对该土层进行地基处理。需要进行处理的地基一般可分为两大类：不良地基和软弱地基。

（一）不良地基

不良地基主要指性质特殊而又对工程不利的土层所组成的地基，如湿陷性黄土、膨胀土、红黏土、多年冻土等地层。

1.湿陷性黄土

湿陷性黄土广泛分布在我国的西北和华北地区。天然黄土的强度较高，一般能陡立成壁，其承载能力也较高，压缩性比较低，但在上覆土的自重应力作用下，或在上覆土自重应力和附加应力共同作用下，受水浸湿后土的结构迅速破坏而发生显著的附加下沉，此类土称为湿陷性黄土。由于黄土湿陷而引起上部结构不均匀沉降是造成黄土地区工程事故的主要原因。当黄土作为建筑地基时，首先要判断它是否具有湿陷性，然后再考虑是否需要人工处理，以及如何处理。

2.膨胀土

膨胀土是一种吸水膨胀、失水收缩、具有较大胀缩变形性能且变形胀缩反复的高塑性黏土。当利用膨胀土作为建筑地基时，如果没有采取必要措施进行人工处理，常会给建筑物造成不利影响。

3.红黏土

红黏土是指石灰岩、白云岩等碳酸盐类岩石在亚热带温湿气候条件下经风化作用所形成的褐红色的黏性土。一般来说，红黏土是较好的地基土。但由于下卧岩层面起伏及存在软弱土层，容易引起地基不均匀变形。

4.多年冻土

温度连续 3 年或 3 年以上保持在 0 ℃或 0 ℃以下，并含有冰的土层，称为多年冻土。多年冻土的强度和变形有许多特殊性，例如，冻土中因有冰和未冻水存在，故在长期荷载作用下有强烈的流变性。多年冻土作为建筑地基需慎重考虑。

5.岩溶

岩溶又称“喀斯特”，它是石灰岩、白云岩、泥灰岩、大理石、岩盐等可溶性岩层受水的化学作用和机械作用而形成的溶洞、溶沟、裂隙，以及由于溶洞的顶板塌落使地表产生陷穴、洼地等现象和作用的总称。土洞是岩溶地区上覆土层被地下水冲蚀或被地下水溶蚀所形成的洞穴。岩溶和土洞对结构物的影响很大，可能造成地面变形、地基塌陷，发生渗漏和涌水现象。

6.山区地基

山区地基地质条件比较复杂，主要表现在地基的不均匀性和场地稳定性两个方面。山区基岩表面起伏大，且可能有大块孤石，这些因素常会引起建筑物基础的不均匀沉降。另外，在山区可能有滑坡、崩塌和泥石流等不良地质现象，给建筑物造成直接的或潜在的威胁。

（二）软弱地基

软弱地基是指地基的主要受力层由高压缩性的软弱土组成，这些软弱土一般是指软黏土、杂填土、冲填土等。

1.软黏土

软黏土是软弱黏性土的简称，它是第四纪后期形成的黏性土沉积物或河流冲积物。这类土的特点是天然含水率高、孔隙比大、抗剪强度低、压缩系数高、渗透系数小。在荷载作用下，软黏土地基承载能力低，地基变形大，而且沉降固结时间较长。在较厚的软黏土层上，基础的沉降往往持续数年乃至数十年之久。

2.杂填土

杂填土是人类活动所形成的无规则堆积物，其成分复杂、厚度不均、性质也不相同，且无规律性。在大多数情况下，杂填土是比较疏松和不均匀的。在同一场地的不同位置，地基承载力和压缩性也有较大差异。杂填土一般要经过人工处理才能作为建筑地基。

3.冲填土

冲填土是由水力冲填形成的。冲填土的性质与所冲填泥沙的来源及淤填时的水力条件有密切关系。含黏土颗粒较多的冲填土往往是欠固结的，其强度和压缩性指标都比同类天然沉积土差。冲填土一般要经过人工处理才能作为建筑地基。

4.饱和粉细砂

饱和粉细砂虽然在静载作用下具有较高的强度，但在振动荷载作用下有可能产生液化或大量震陷变形，会因液化而丧失承载能力。如考虑动力荷载，饱和粉细砂也属于不良地基，需要先进行处理才能使用。

第二节　土基处理

土基处理的方法有换土垫层法、重锤夯实法、混凝土灌注桩法、高压喷射灌浆法等。

一、换土垫层法

换土垫层法属于置换类的一种。当建筑物荷载较小且其基础下的局部持力层比较软弱，不能满足上部荷载对地基的承载要求时，可采用换土垫层法来处理软弱地基。换土垫层法就是将地基中一定范围内的软弱土层挖掉，然后回填强度较高、压缩性较低并且没有侵蚀性的材料，如中粗砂、碎石或卵石、灰土、素土、矿渣等，在分层夯实后作为地基的持力层。

换土垫层常用的回填材料主要有灰土、砂和碎（砂）石。其中，灰土垫层是将按一定体积比配合的石灰和黏性土拌和后，在最优含水量时对土进行分层夯实碾压而形成的持力层，它适用于地下水位较低、基槽经常处于较干燥状态下的一般性地基加固。砂垫层和砂石垫层是将基础下面一定厚度的软弱土层挖除，然后用强度较高的砂或碎石回填，并经分层夯实至密实，作为地基的持力层，以起到提高地基承载力、减少沉降、加速软弱土层排水固结、防止土体冻胀和消除膨胀土胀缩等目的。

二、重锤夯实法

重锤夯实法是用起重机械将夯锤提升到一定高度，利用其自由下落的冲击能重复夯打土层表面，使其形成一层比较密实的硬壳层，从而使地基得到加固。重锤夯实使用的起重设备常为卷扬机，夯锤形状为锥体，锤重一般不小于 1.5 t，底面直径一般为 1.5 m 左右，落距一般为 4.5 m，夯打遍数一般为 6～8 遍。随着夯实遍数的增加，夯沉量逐渐减少。

与此较为相似的是强夯法，它是用起重机械将重锤（一般重 10～40 t）吊起，从高处（一般在 30 m 以下）自由落下，对地基反复强夯的地基处理方法。强夯产生的振动和噪声很大，对周围建筑物和其他设施有一定的影响，在城市中心不宜采用。

三、混凝土灌注桩法

混凝土灌注桩法是提高土基承载能力的有效方法之一。桩基础简称桩基，是由若干个沉入土中的单桩组成的一种深基础，是由基桩和连接基桩桩顶的承台共同组成的，承台和承台之间再用承台梁连接。若承台下只用一根桩（通常为大直径桩）来承受和传递上部结构（通常为柱）的荷载，这样的桩基础称为单桩基础；承台下由两根及两根以上基桩组成的桩基础，称为群桩基础。桩基础的作用是将上部结构的荷载，通过上部较软弱地层传递到下部较坚硬的压缩性较小的土层或岩层

按桩的传力方式不同，桩基可分为端承桩和摩擦桩。端承桩就是穿过软土层并将建筑物的荷载直接传递到坚硬土层的桩。摩擦桩将桩沉至软弱土层一定深度，用以挤密软弱土层，提高土层的密实度和承载能力，上部结构的荷载主要由桩身侧面与土之间的摩擦力承受，桩间阻力也承受少量的荷载。按桩的施工方法不同，桩基可分为预制桩和灌注桩。预制桩是在工厂或施工现场用不同的建筑材料制成的各种形状的桩，然后用打桩设备将预制好的桩沉入地基土中。灌注桩是在设计桩位先成孔，然后放入钢筋骨架，再浇筑混凝土而成的桩。

混凝土灌注桩，是直接在桩位上成孔，然后利用混凝土或砂石等材料就地灌注而成。与预制桩相比，混凝土灌注桩的优点是施工方便、节约材料、成本低；缺点是操作要求高，稍有疏忽，就会发生缩颈、断桩现象，且技术间隔时

间较长，不能立即承受荷载等。

（一）人工挖孔混凝土灌注桩施工

人工挖孔混凝土灌注桩是指在桩位上用人工挖直孔，每挖一段即施工一段支护结构，如此反复向下挖至设计深度，然后放下钢筋笼，浇筑混凝土而成桩。人工挖孔混凝土灌注桩的优点有设备简单，对施工现场原有建筑物影响小，挖孔时，可直接观察土层变化情况，及时清除沉渣，并可同时开挖若干个桩孔，降低施工成本等。人工挖孔混凝土灌注桩施工主要应解决孔壁坍塌、施工排水、管涌等问题。为此，事先应根据地质水文资料，拟定合理的衬圈护壁和施工排水、降水方案。其中，常用的护壁方案有混凝土护圈、沉井护圈和钢套管护圈三种。

（二）钻孔混凝土灌注桩施工

钻孔混凝土灌注桩是先在桩位上用钻孔设备进行钻孔，如用螺旋钻机、潜水电钻、冲孔机等冲钻而成，也可利用工具桩或将尖端封闭钢管打入土中，拔出成孔，然后灌注混凝土。在有地下水、砂夹层及淤泥等的土层中钻孔时，应先在测定桩位上埋设护筒，护筒一般由 3～5 mm 厚钢板做成，其直径比钻头直径大 10～20 cm，以便钻头的提升操作。护筒定位应准确，埋置应牢固密实，防止护筒与孔壁间漏水。

（三）打拔管混凝土灌注桩

打拔管混凝土灌注桩是利用与桩的设计尺寸相适应的一根钢管，在端部套上预制的桩靴打入土中，然后将钢筋骨架放入钢管内，再浇筑混凝土，并边灌边将钢管拔出，利用拔管时的振动将混凝土捣实。在沉管时，必须将桩尖活瓣合拢。若有水泥或泥浆进入管中，则应将管拔出，用砂回填桩孔后，再重新沉入土中，或在钢管中灌入一部分混凝土后再继续沉入。拔管速度在一般土层中为 1.2～1.5 m/min，在软弱土层中不得大于 0.8 m/min。在拔管过程中，每拔起 0.5 m 左右，应停 5～10 s，但保持振动，如此反复进行，直到将钢管拔离地面。根据承载力的要求不同，拔管方法可分别采用单打法、复打法和翻插法。在淤泥或软土中沉管时，土受到挤压产生孔隙水压力，拔管后便挤向新灌的混凝土，造成缩颈。此外，当拔管速度过快、管内混凝土量过大时，混凝土的出管扩散性差，也会造成缩颈。

第三节　岩基处理

若岩基处于严重风化或破碎状态，首先考虑清除至新鲜的岩基为止。若风化层或破碎带很厚，无法清除干净时，则考虑采用灌浆的方法加固岩层和截止渗流。

一、岩基灌浆的分类

水工建筑物的岩基灌浆按其作用，可分为帷幕灌浆、固结灌浆和接触灌浆。灌浆是进行水工隧洞围岩固结、衬砌回填、超前支护，混凝土坝体接缝以及建（构）筑物补强、堵漏等的主要措施之一。

（一）帷幕灌浆

帷幕灌浆布置在靠近建筑物上游迎水面的岩基内，以形成一道连续的平行于建筑物轴线的防渗幕墙。帷幕灌浆的目的是减小岩基的渗流量，降低岩基的渗透压力，保证基础的渗透稳定性。帷幕灌浆的深度主要由作用水头及地质条件等确定，较之固结灌浆要深得多，有些工程的帷幕深度超过百米。在施工中，通常采用单孔灌浆，所使用的灌浆压力比较大。

帷幕灌浆一般安排在水库蓄水前完成，这样有利于保证灌浆的质量。由于帷幕灌浆的工程量较大，与坝体施工在时间安排上有矛盾，所以通常安排在坝体基础灌浆廊道内进行。这样既可实现坝体上升与岩基灌浆同步进行，也为灌浆施工预备了一定厚度的混凝土压重，有利于提高灌浆压力，保证灌浆质量。

（二）固结灌浆

固结灌浆的目的是提高岩基的整体性与强度，并降低基础的透水性。当岩基地质条件较好时，一般可在坝基上下游应力较大的部位布置固结灌浆孔；在地质条件较差而坝体较高的情况下，则需要对坝基进行全面的固结灌浆，甚至在坝基以外上下游一定范围内也要进行固结灌浆。灌浆孔的深度一般为 5～8 m，也有深达 15～40 m 的，各孔在平面上呈网格状交错布置。固结灌浆通常采用群孔冲洗和群孔灌浆。

固结灌浆宜在一定厚度的坝体基层混凝土上进行，这样可以防止岩基表面冒浆；并采用较大的灌浆压力，提高灌浆效果；同时兼顾坝体与岩基的接触灌浆。如果岩基比较坚硬、完整，为了加快施工速度，也可直接在岩基表面进行无混凝土压重的固结灌浆。在基层混凝土上进行钻孔灌浆，必须在相应部位混凝土的强度达到 50%设计强度后，方可开始。或者先在岩基上钻孔，预埋灌浆管，待混凝土浇筑到一定厚度后再灌浆。同一地段的岩基灌浆必须按先固结灌浆后帷幕灌浆的顺序进行。

（三）接触灌浆

接触灌浆的目的是加强坝体混凝土与坝基或岸肩之间的结合能力，提高坝体的抗滑稳定性。接触灌浆一般是通过混凝土钻孔压浆，或预先在接触面上埋设灌浆盒及相应的管道系统，也可结合固结灌浆进行。

接触灌浆应安排在坝体混凝土达到稳定温度以后进行，以防止混凝土收缩产生拉裂。

二、灌浆的材料

岩基灌浆的浆液，一般应该满足如下要求：

第一，浆液在受灌的岩层中应具有良好的可灌性，即在一定的压力下，能灌入裂隙、空隙或孔洞中，且充填密实。

第二，浆液在硬化成结石后，应具有良好的防渗性能、必要的强度和较强的黏结力。

第三，为便于施工和增大浆液的扩散范围，浆液应具有良好的流动性。

第四，浆液应具有较好的稳定性，析水率低。

（一）水泥灌浆

岩基灌浆以水泥灌浆最为普遍。灌入岩基的水泥浆液，由水泥与水按一定配比制成，水泥浆液呈悬浮状态。水泥灌浆具有灌浆效果可靠、灌浆设备与工艺比较简单、材料成本低廉等优点。

水泥浆液所采用的水泥品种，应根据灌浆目的和环境水的侵蚀作用等因素确定。一般情况下，可采用标号不低于 42.5 的普通硅酸盐水泥或硅酸盐大坝水泥，如有耐酸等要求，可选用抗硫酸盐水泥。矿渣水泥与火山灰质硅酸盐水泥由于其析水快、稳定性差、早期强度低等缺点，一般不宜使用。

水泥颗粒的细度对灌浆的效果有较大影响。水泥颗粒越细，越能够灌入细微的裂隙中，水泥的水化作用也越完全。帷幕灌浆对水泥细度的要求为通过 80 μm 方孔筛的筛余量不大于 5%。此外，灌浆用的水泥要符合质量标准，不得使用过期、结块或细度不合要求的水泥。

对于岩体裂隙宽度小于 200 μm 的地层，普通水泥制成的浆液一般难以灌入。为了提高水泥浆液的可灌性，自 20 世纪 80 年代以来，许多国家陆续研制出各类超细水泥，这些超细水泥在工程中得到广泛应用。超细水泥颗粒的平均粒径约 4 μm，比表面积为 8 000 cm^2/g，它不仅具有良好的可灌性，同时在结石体强度、环保及价格等方面都具有很大优势，特别适合细微裂隙岩基的灌浆。

在水泥浆液中掺入一些外加剂（如速凝剂、减水剂、早强剂及稳定剂等），可以调节或改善水泥浆液的一些性能，满足工程对浆液的特定要求，提高灌浆效果。外加剂的种类及掺入量应通过试验确定。

在水泥浆液里掺入黏土、砂、粉煤灰，制成水泥黏土浆、水泥砂浆、水泥粉煤灰浆等，可用于注入量大、对结石强度要求不高的岩基灌浆。这主要是为了节省水泥，降低材料成本。沙砾石地基的灌浆主要是采用此类浆液。

当遇到一些特殊的地质条件，如断层、破碎带、细微裂隙等，采用普通水泥灌浆难以达到工程要求时，也可采用化学灌浆，即灌注以环氧树脂、聚氨酯、甲凝等高分子材料为基材制成的浆液。这类浆液材料成本比较高，灌浆工艺比较复杂。在岩基处理中，化学灌浆仅起辅助作用，一般是先进行水泥灌浆，再在其基础上进行化学灌浆，这样既可提高灌浆质量，也比较经济。

（二）化学灌浆

化学灌浆是在水泥灌浆的基础上发展起来的新型灌浆方法。它是将有机高分子材料配制成的浆液灌入地基或建筑物的裂缝中，经胶凝固化后，达到防渗、堵漏、补强、加固的目的。

化学灌浆主要用于以下情况：裂隙与空隙细小（0.1 mm 以下），颗粒材料不能灌入；对基础的防渗或强度有较高要求；渗透水流的速度较大，其他灌浆材料不能封堵；等等。

化学灌浆材料有很多种，每种材料都有其特殊的性能。按灌浆的目的，化学灌浆材料可分为防渗堵漏和补强加固两大类。防渗堵漏类化学灌浆材料有硅酸钠、丙凝、聚氨酯等；补强加固类化学灌浆材料有环氧树脂、甲凝等。

化学浆液有以下特性：

（1）化学浆液的黏度低，有的接近于水，有的比水还低；流动性好，可灌性高，可以灌入水泥浆液灌不进去的细微裂隙中。

（2）化学浆液的聚合时间可以比较准确地控制，从几秒到几十分钟，有利于机动灵活地进行施工控制。

（3）化学浆液聚合后的聚合体，渗透系数很小，一般为 10^{-6}～10^{-5} cm/s，防渗效果好。

（4）有些化学浆液聚合体本身的强度及黏结强度比较高，可承受高水头。

（5）化学浆液聚合体的稳定性和耐久性均较好，能抗酸、碱及微生物的侵蚀。

（6）化学浆液都有一定毒性，在配制、施工过程中要十分注意防护，并切实防止对环境的污染。

由于化学材料配制的浆液为真溶液，不存在粒状灌浆材料的沉淀问题，故化学灌浆都采用纯压式灌浆。

化学灌浆的钻孔和清洗工艺及技术要求，与水泥灌浆基本相同。化学灌浆也遵循分序加密的原则进行钻孔灌浆。

化学灌浆按浆液的混合方式区分，有单液法灌浆和双液法灌浆。一次配制成的浆液或两种浆液组分在泵送灌注前先行混合的灌浆方法称为单液法。两种浆液组分在泵送后才混合的灌浆方法称为双液法。前者施工相对简单，在工程中使用较多。为了保持连续供浆，现在多采用电动式比例泵提供压送浆液的动力。比例泵是专用的化学灌浆设备，由两个出浆量能够任意调整，可实现按设计比例压浆的活塞泵所构成。对于小型工程和个别补强加固的部位，也可采用手压泵。

三、岩基灌浆施工

在岩基灌浆施工前一般需进行现场灌浆试验。通过试验，相关人员可以了解岩基的可灌性，确定合理的施工程序与工艺等。

岩基灌浆施工的主要工序包括钻孔、钻孔（裂隙）冲洗、压水试验、灌浆、灌浆的质量检查等。

（一）钻孔

钻孔质量要求如下：

第一，确保孔位、孔深、孔向符合设计要求。钻孔的方向与深度是保证灌浆施工质量的关键。如果钻孔方向有偏斜，钻孔深度达不到要求，则通过各钻孔所灌注的浆液不能连成一体，将形成漏水通路。

第二，力求孔径上下均一、孔壁平顺。若孔径均一、孔壁平顺，则灌浆栓塞能够卡紧、卡牢，在灌浆时不致产生绕塞返浆。

第三，在钻进过程中产生的岩粉细屑较少。在钻进过程中，如果产生过多的岩粉细屑，容易堵塞孔壁的缝隙，影响灌浆质量，同时也影响工人的作业环境。

根据岩石硬度、完整性和可钻性的不同，钻孔应分别采用硬质合金钻头、钻粒钻头和金刚石钻头。对于 6～7 级以下的岩石，多用硬质合金钻头；对于 7 级以上岩石，多用钻粒钻头；对于质地坚硬且较完整的岩石，多用金刚石钻头。

帷幕灌浆的钻孔宜采用回转式钻机和金刚石钻头或硬质合金钻头，其钻进效率较高，不受孔深、孔向、孔径和岩石硬度的限制，还可钻取岩芯。钻孔的孔径一般在 75～191 m。固结灌浆则可采用各种合适的钻机与钻头。

孔斜的控制相对较困难，特别是在钻斜孔时，掌握钻孔方向更加困难。在工程实践中，按钻孔深度不同规定了钻孔偏斜的允许值，如表 2-1 所示。当钻孔深度大于 60 m 时，则允许的偏差不应超过钻孔的间距。钻孔结束后，应对孔深、孔斜和孔底残留物等进行检查，不符合要求的应采取补救处理措施。

表 2-1　钻孔孔底最大允许偏差值

钻孔深度/m	20	30	40	50	60
允许偏差/m	0.25	0.5	0.8	1.15	1.5

为了有利于浆液的扩散和提高浆液结合的密实性，在确定钻孔顺序时应和灌浆次序密切配合。一般是当一批钻孔钻进完毕后，随即进行灌浆。钻孔次序则以逐渐加密钻孔数和缩小孔距为原则。对排孔采取“先下游排孔，后上游排孔，最后中间排孔”的钻孔顺序；对统一排孔而言，一般 2～4 次序孔施工，逐渐加密。

（二）钻孔（裂隙）冲洗

钻孔后，要进行冲洗。冲洗工作通常分为：①钻孔冲洗，即将残存在钻孔底和黏滞在孔壁的岩粉铁屑等冲洗出来；②岩层裂隙冲洗，即将岩层裂隙中的充填物冲洗出孔外，为浆液进入腾出空间，以使浆液结石与岩基更好地胶结成整体。在断层、破碎带和细微裂隙等复杂地层中灌浆，冲洗的质量对灌浆效果影响极大。

钻孔冲洗一般用灌浆泵将水压入孔内循环管路，然后将冲洗管插入孔内，用阻塞器将孔口堵紧，即采用压力水冲洗的方法；也可采用压力水和压缩空气轮换冲洗，或压力水和压缩空气混合冲洗的方法。

岩层裂隙冲洗的方法分单孔冲洗和群孔冲洗两种。在岩层比较完整、裂隙比较少的地方，可采用单孔冲洗。冲洗方法有高压水冲洗、高压脉动冲洗和扬水冲洗等。

当节理裂隙比较发育且在钻孔之间互相串通的地层中，可采用群孔冲洗，即：将两个或两个以上的钻孔组成一个孔组，轮换地向一个孔或几个孔压进压力水或压力水混合压缩空气，从另外的孔排出污水，这样反复交替冲洗，直到各个孔出水洁净为止。

为了提高冲洗效果，有时可在冲洗液中加入适量的化学剂，如碳酸钠（Na_2CO_3）、氢氧化钠（NaOH）或碳酸氢钠（$NaHCO_3$）等，以利于泥质充填物的溶解。加入化学剂的品种和掺量，宜通过试验确定。

此外，当采用压力水或压缩空气冲洗时，要注意观察，防止冲洗范围内岩层的抬动和变形。

（三）压水试验

在冲洗完成并开始灌浆施工前，一般要对灌浆地层进行压水试验。压水试验的主要目的是：测定地层的渗透性，为岩基灌浆施工提供基本技术资料。压水试验也是检查地层灌浆实际效果的主要方法。

压水试验的原理：在一定的水头压力下，通过钻孔将水压入孔壁四周的缝隙中，根据压入的水量和压水的时间，计算出代表岩层渗透特性的技术参数。一般可采用透水率 q 来表示岩层的渗透特性。所谓透水率，是指在单位时间内，通过单位长度试验孔段，在单位压力作用下所压入的水量，可用下式计算：

$$q = \frac{Q}{PL} \tag{2-1}$$

式中：q——地层的透水率，Lu（吕荣）；

Q——单位时间内试验的注水总量，L/min；

P——作用于试验段内的全压强，MPa；

L——压水试验段的长度，m。

灌浆施工的压水试验，使用的压力通常为同段灌浆压力的 80%，但一般不大于 1 MPa。

（四）灌浆

为了确保岩基灌浆的质量，必须注意以下几个问题：

1.钻孔灌浆的次序

岩基的钻孔与灌浆应遵循分序加密的原则进行。这样，不仅可以提高浆液结石的密实性；而且通过对后灌序孔透水率和单位吸浆量的分析，可推断先灌序孔的灌浆效果；同时还有利于减少相邻孔的串浆现象。

2.注浆方式

按照灌浆时浆液灌注和流动的特点，灌浆方式有纯压式和循环式两种。对于帷幕灌浆，应优先采用循环式。

纯压式灌浆，就是一次将浆液压入钻孔，并扩散到岩层裂隙中。在灌注过程中，浆液从灌浆机向钻孔流动，不再返回。这种灌注方式设备简单，操作方便，但浆液流动速度较慢，容易沉淀，造成管路与岩层缝隙的堵塞，影响浆液扩散。纯压式灌浆多用于吸浆量大，有大裂隙存在，孔深不超过 12～15 m 的情况。

循环式灌浆，就是灌浆机把浆液压入钻孔后，浆液一部分被压入岩层缝隙中，另一部分由回浆管返回拌浆筒中。这种方法一方面可使浆液保持流动状态，减少浆液沉淀；另一方面可根据进浆和回浆浆液比重的差别，来了解岩层吸收情况，并作为判定灌浆结束的一个条件。

3.钻灌方法

按照同一钻孔内的钻灌顺序，有全孔一次钻灌和全孔分段钻灌两种方法。

（1）全孔一次钻灌

全孔一次钻灌是将灌浆孔一次钻到全深，并沿全孔进行灌浆。这种方法施工简便，多用于孔深不超过 6 m、地质条件良好、岩基比较完整的情况。

（2）全孔分段钻灌

全孔分段钻灌又分自上而下分段钻灌法、自下而上分段钻灌法、综合灌浆法及孔口封闭灌浆法等。

第一，自上而下分段钻灌法。所谓自上而下分段钻灌，就是钻一段，灌一段，待凝一定时间以后，再钻灌下一段，钻孔和灌浆交替进行，直到设计深度。

这一方法的优点是：随着段深的增加，可以逐段增加灌浆压力，借以提高灌浆质量；由于上部岩层经过灌浆，形成结石，下部岩层灌浆时，不易产生岩层抬动和地面冒浆等现象；分段钻灌，分段进行压水试验，压水试验的成果比较准确，有利于分析灌浆效果，估算灌浆材料的需用量。这一方法的缺点是：钻灌一段以后，要待凝一定时间，才能钻灌下一段，钻孔与灌浆须交替进行，设备搬移频繁，影响施工进度。

第二，自下而上分段钻灌法。所谓自下而上分段钻灌，就是一次将孔钻到全深，然后自下而上逐段灌浆。这种方法的优缺点与自上而下分段灌浆刚好相对应。这种钻灌方法一般多用在岩层比较完整，或岩基上部已有足够压重不致引起地面抬动的情况。

第三，综合钻灌法。在实际工程中，通常是接近地表的岩层比较破碎，愈往下岩层愈完整。因此，在进行深孔灌浆时，可以兼取以上两种方法的优点，上部孔段采用自上而下分段钻灌法，下部孔段则用自下而上分段钻灌法。

第四，孔口封闭灌浆法。运用孔口封闭灌浆法的要点是：先在孔口镶铸不小于 2 m 的孔口管，以便安设孔口封闭器；采用小孔径的钻孔，自上而下逐段钻孔与灌浆；上段钻灌后不必待凝，进行下段的钻灌，如此循环，直至终孔。运用孔口封闭灌浆法，可以多次重复灌浆，可以使用较高的灌浆压力。孔口封闭灌浆法的优点是工艺简便、成本低、效率高、灌浆效果好。孔口封闭灌浆法的缺点是当灌注时间较长时，容易造成灌浆管被水泥浆凝住的现象。

一般情况下，灌浆孔段的长度多控制在 5～6 m；如果地质条件好，岩层比较完整，段长可适当放长，但也不宜超过 10 m；在岩层破碎、裂隙发育的部位，段长应适当缩短，可取 3～4 m；而在破碎带、大裂隙等漏水严重的地段以及坝体与岩基的接触面，应单独分段进行处理。

4.灌浆压力的控制

灌浆压力通常是指作用在灌浆段中部的压强，可由下式来确定：

$$P = P_1 + P_2 \pm P_f \tag{2-2}$$

式中：P——灌浆压力，MPa；

P_1——灌浆管路中压力表的指示压力，MPa；

P_2——计入地下水水位影响以后的浆液自重压强，浆液的密度按最大值计算，MPa；

P_f——浆液在管路中流动时的压力损失，MPa。

在计算 P_f 时，如压力表安设在孔口进浆管上（纯压式灌浆），则按浆液在孔内进浆管中流动时的压强损失进行计算，在公式（2-2）中取负号；如压力表安设在孔口回浆管上（循环式灌浆），则按浆液在孔内环形截面回浆管中流动时的压强损失进行计算，在公式（2-2）中取正号。

灌浆压力是控制灌浆质量、提高灌浆经济效益的重要因素。确定灌浆压力的原则是在不破坏基础和建筑物的前提下，尽可能采用比较高的压力。高压灌浆可以使浆液更好地压入细小缝隙内，增大浆液扩散半径，析出多余的水分，提高灌注材料的密实度。灌浆压力的大小，与孔深、岩层性质、有无压重以及灌浆质量要求等有关，可参考类似工程的灌浆资料，特别是要根据现场灌浆试验成果确定，并应在具体的灌浆施工中结合现场条件进行调整。

在灌浆过程中，合理地控制灌浆压力和浆液稠度，是提高灌浆质量的重要保证。在灌浆过程中，灌浆压力的控制有以下两种方法：

第一，一次升压法。一次升压法是在灌浆开始后，一次将压力升高到预定的压力，并在这个压力作用下，灌注由稀到浓的浆液。当每一级浓度的浆液注入量和灌注时间达到一定限度以后，就变换浆液配比，逐级加浓。随着浆液浓度的增加，裂隙将被逐渐充填，浆液注入率将逐渐减少，当达到结束标准时，就结束灌浆。这种方法适用于透水性不大、裂隙不甚发育、岩层比较坚硬完整的地方。

第二，分级升压法。分级升压法是将整个灌浆压力分为几个阶段，逐级升压直到预定的压力。开始时，从最低一级压力起灌，当浆液注入率减少到规定的下限时，将压力升高一级，如此逐级升压，直到预定的灌浆压力。

5.浆液稠度的控制

在灌浆过程中，必须根据灌浆压力或吸浆率的变化情况，适时调整浆液的稠度，使岩层的大小缝隙既能灌饱，又不浪费。浆液稠度的变换应按先稀后浓的原则控制，这是由于稀浆的流动性较好，宽窄裂隙都能进浆，使窄小裂隙先灌饱，而后随着浆液稠度逐渐变浓，其他较宽的裂隙也能逐步得到良好充填。

6.灌浆的结束条件与封孔

灌浆的结束条件，一般用两个指标来控制：一个是残余吸浆量，又称最终吸浆量，即灌到最后的限定吸浆量；另一个是闭浆时间，即在残余吸浆量不变的情况下保持设计规定压力的延续时间。

对于帷幕灌浆，在设计规定的灌浆压力之下，灌浆孔段的浆液注入率小于0.4 L/min 时，再延续灌注 60 min（自上而下分段钻灌法）或 30 min（自下而上分段钻灌法）；或浆液注入率不大于 1.0 L/min 时，继续灌注 90 min（自上而下分段钻灌法）或 60 min（自下而上分段钻灌法），就可结束灌浆。

对于固结灌浆，其结束标准是浆液注入率不大于 0.4 L/min，再延续 30 min，灌浆就可以结束。

灌浆结束以后，应随即将灌浆孔清理干净。对于帷幕灌浆孔，宜采用浓浆灌浆法填实，再用水泥砂浆封孔。对于固结灌浆孔，当孔深小于 10 m 时，可采用机械压浆法进行回填封孔，即通过深入孔底的灌浆管压入浓水泥浆或砂浆，顶出孔内积水，随浆面的上升，缓慢提升灌浆管；当孔深大于 10 m 时，其封孔与帷幕灌浆孔相同。

（五）灌浆的质量检查

岩基灌浆属于隐蔽性工程，必须加强灌浆质量的控制与检查。为此，一方面要认真做好灌浆施工的原始记录，严格控制灌浆施工的工艺，防止违规操作；另一方面要在一个灌浆区灌浆结束以后，进行专门的质量检查，作出科学的灌浆质量评定。岩基灌浆的质量检查结果是整个工程验收的重要依据。

灌浆质量检查的方法很多，常用的有：在已灌地区钻设检查孔，通过压水试验和浆液注入率试验进行检查；通过检查孔，钻取岩芯进行检查，或进行钻孔照相和孔内电视，观察孔壁的灌浆质量；开挖平洞、竖井或钻设大口径钻孔，检查人员直接进去观察检查，并在其中进行抗剪强度、弹性模量等方面的试验；利用地球物理勘探技术，测定岩基的弹性模量、弹性波速等，对比这些参数在灌浆前后的变化，借以判断灌浆的质量和效果。

第四节　防渗墙

防渗墙是一种修建在松散透水地层或土石坝（堰）中起防渗作用的地下连续墙。防渗墙技术起源于20世纪50年代的欧洲，因其结构可靠、防渗效果好、适应各类地层条件、施工简便以及造价低等优点，在国内外得到了广泛应用。近年来，防渗墙已成为中国水利水电工程覆盖层及土石围堰防渗处理的首选方案。

一、防渗墙的作用与结构特点

防渗墙是一种防渗结构，但其作用已远远超出了防渗的范围。防渗墙的作用主要有以下几个方面：①控制闸、坝基础的渗流；②控制土石围堰及其基础的渗流；③防止泄水建筑物下游基础的冲刷；④加固一些有病害的土石坝及堤防工程；⑤作为一般水工建筑物基础的承重结构；⑥拦截地下潜流，抬高地下水位，形成地下水库。

防渗墙的类型较多，但从其构造特点来说，主要有两类：槽孔（板）型防渗墙和桩柱型防渗墙。其中，前者是中国水利水电工程中混凝土防渗墙的主要形式。

防渗墙系垂直防渗措施，其立面布置有两种形式：封闭式与悬挂式。封闭式防渗墙是指墙体插入岩基或相对不透水层一定深度，以达到全面截断渗流的目的。而悬挂式防渗墙，墙体只深入地层一定深度，仅能加长渗径，无法完全封闭渗流。

对于高水头的坝体或重要的围堰，有时设置两道防渗墙，并使其按一定比例分担水头。这时应注意水头的合理分配，避免出现单道墙承受水头过大而被破坏的情况，这对另一道墙也是很危险的。

防渗墙的厚度主要由防渗要求、抗渗耐久性、墙体的应力与强度及施工设备等因素确定。其中，防渗墙的耐久性是指抵抗渗流侵蚀和化学溶蚀的性能。这两种破坏作用均与水力梯度有关。目前，防渗墙厚度δ（m）的确定主要是从水力梯度考虑的，计算公式如下：

$$J_p=J_{max}/K \tag{2-3}$$

$$\delta=H/J_p \tag{2-4}$$

式中：J_p——防渗墙的允许水力梯度；

J_{max}——防渗墙破坏时的最大水力梯度；

K——安全系数；

H——防渗墙的工作水头，m。

不同的墙体材料具有不同的抗渗耐久性，其允许水力梯度值J_p也就不同。如普通混凝土防渗墙的J_p一般在80～100，而塑性混凝土因其抗化学溶蚀性能较好，J_{max}可达300，J_p一般在50～60。

二、防渗墙的墙体材料

防渗墙的墙体材料，按其抗压强度和弹性模量，一般分为刚性材料和柔性材料。相关人员可根据工程性质等，在进行技术经济比较后，选择合适的墙体材料。

刚性材料包括普通混凝土、黏土混凝土和粉煤灰混凝土等，其抗压强度大于 5 MPa，弹性模量大于 10 000 MPa。柔性材料的抗压强度则小于 5 MPa，弹性模量小于 10 000 MPa，包括塑性混凝土、自凝灰浆和固化灰浆等。另外，现在有些工程开始使用强度大于 25 MPa 的高强混凝土，以适应高坝深基础对防渗墙的技术要求。

（一）普通混凝土

普通混凝土是指强度在 7.5～20 MPa，不加其他掺和料的高流动性混凝土。由于防渗墙的混凝土是在泥浆下浇筑，故要求混凝土能在自重下自行流动，并有抗离析与保持水分的性能，其坍落度一般为 18～22 mm，扩散度为 34～38 cm。

（二）黏土混凝土

在混凝土中掺入一定量的黏土（一般为总量的 12%～20%），不仅可以节省水泥，还可以降低混凝土的弹性模量，改变其变形性能，增加其和易性，改善其易堵性。黏土混凝土的强度在 10 MPa 左右，其抗渗性比普通混凝土的抗渗性要差。

（三）粉煤灰混凝土

在混凝土中掺入一定比例的粉煤灰，能改善混凝土的和易性，降低混凝土发热量，提高混凝土密实性和抗侵蚀性，并具有较高的后期强度。这对于防渗墙的施工是十分有利的。

（四）塑性混凝土

塑性混凝土是以黏土和（或）膨润土取代普通混凝土中的大部分水泥所形成的一种柔性墙体材料。塑性混凝土的抗压强度不高，一般为0.5～2 Mpa，弹性模量为100～500 Mpa，渗透系数10^{-6}～10^{-7} cm/s。

塑性混凝土与黏土混凝土有本质区别，因为后者的水泥用量并不多，掺黏土的主要目的是改善和易性，并未过多改变弹性模量。塑性混凝土的水泥用量仅为 80～100 kg/m^3，使得其强度低，特别是弹性模量值低到与周围介质（基础）接近，这时墙体适应变形的能力大大提高，几乎不产生拉应力，降低了墙体出现开裂现象的可能性。

我国于 1990 年首次在福建水口水电站的主围堰中成功运用塑性混凝土，其后在其他水利工程建设中迅速普及，小浪底工程、三峡工程等围堰防渗墙的墙体材料均采用了塑性混凝土。

（五）自凝灰浆

自凝灰浆是在固壁泥浆（以膨润土为主）中加入水泥和缓凝剂所制成的一种灰浆。在凝固前作为造孔用的固壁泥浆，槽孔造成后则自行凝固成墙。自凝灰浆在 1969 年由法国地基建筑公司首先采用。

自凝灰浆每立方固化体需水泥 200～300 kg、膨润土 30～60 kg、水 850 kg，采用糖蜜或木质素磺酸盐类材料作为缓凝剂。自凝灰浆的强度为 0.2～0.4 MPa，变形模量为 40～300 MPa，与土层和沙砾石层比较接近，可以很好地适应墙后介质的变形，墙身不易开裂。

采用自凝灰浆作为防渗墙体材料，可以减少墙身的浇筑工序，简化施工程序，使建造速度加快、成本降低。自凝灰浆在水头不大的堤坝基础及围堰工程中使用较多。

（六）固化灰浆

固化灰浆是在槽段造孔完成后，向固壁泥浆中加入水泥等固化材料，砂子、粉煤灰等掺和料，硅酸钠等外加剂，经机械搅拌或压缩空气搅拌后，可凝固成墙体。固化灰浆的强度在 0.5 MPa 左右，弹性模量为 100 MPa，渗透系数为 10^{-6}～10^{-7} cm/s，一般能够满足中低水头对防渗的要求。

以固化灰浆作墙体材料，可省去导管法混凝土浇筑工序，减少泥浆废弃量，使劳动强度减轻，施工进度加快。四川铜街子、汉江王甫洲等水电工程的防渗墙，应用了此种材料。

三、防渗墙的施工程序

防渗墙的施工程序主要包括造孔前的准备工作、造孔成槽、泥浆固壁、终孔验收和清孔换浆、槽孔浇筑等。

（一）造孔前的准备工作

造孔前的准备工作是防渗墙施工的一个重要环节。

相关人员必须根据防渗墙的设计要求和槽孔长度的划分，做好槽孔的测量定位工作，并在此基础上设置导向槽。

导向槽沿防渗墙轴线设在槽孔上方，用以控制造孔的方向，支撑上部孔壁。导向槽对于保证造孔质量、预防塌孔事故有很大的作用。

导向槽可用木料、条石、灰拌土或混凝土制成。导向槽的净宽一般等于或略大于防渗墙的设计厚度，高度以 1.5～2.0 m 为宜。为了维持槽孔的稳定，要求导向槽底部高程高出地下水位 0.5 m 以上。为了防止地表积水倒流和便于自流排浆，其顶部高程应比两侧地面高程略高。

导向槽安设好后，在槽侧铺设造孔钻机的轨道，安装钻机，修筑运输道路，架设动力和照明线路以及供水供浆管路，做好排水排浆系统，并向槽内充灌泥浆，保持泥浆液面在槽顶以下 30～50 cm。做好这些准备工作以后，就可开始造孔。

（二）造孔成槽

造孔成槽工序所用的时间约占防渗墙整个施工工期的一半。槽孔的精度直接影响防渗墙的质量。选择合适的造孔机具与挖槽方法对于提高施工质量、加快施工进度至关重要。混凝土防渗墙的发展和广泛应用，与造孔机具的发展和造孔挖槽技术的改进密切相关。用于防渗墙开挖槽孔的机具，主要有冲击钻机、回转钻机、钢绳抓斗及液压铣槽机等。它们的工作原理、适用的地层条件及工作效率有一定差别。对于复杂多样的地层，一般要多种机具配套使用。

在进行造孔挖槽时，为了提高工效，通常要先划分槽段，然后在一个槽内划分主孔和副孔，采用钻劈法、钻抓法或分层钻进等方法成槽。

1.钻劈法

钻劈法，又称“主孔钻进，副孔劈打”法。采用钻劈法成槽时，主孔长度即为墙厚，副孔长度一般为主孔直径的 1.5 倍。成槽方法是先钻凿主孔，后劈打副孔。在劈打副孔时，应在相邻的两个主孔中放置接砂斗接出大部分劈落的钻渣。由于在劈打副孔时，会有部分（或全部）钻渣落入主孔内，因此需要重复钻凿主孔，此作业称作“打回填”。当采用常规冲击钻机造孔时，钻凿主孔和打回填都是用抽砂筒出渣的。当采用冲击反循环钻机造孔时，主要用砂石泵抽吸出渣，有时也要用抽砂筒出渣（如开孔时）。使用冲击钻劈打副孔产生的碎渣，有两种出渣方式：一是利用泵吸设备将泥浆连同碎渣一起吸出槽外，经再生处理后，泥浆可以循环使用；二是用抽砂筒及接砂斗出渣，钻进与出渣间歇性作业。钻劈法一般要求主孔先导 8～12 m，适用于砂卵石等地层。

2.钻抓法

钻抓法又称“主孔钻进，副孔抓取”法。它是先用冲击钻或回转钻凿主孔，然后用抓斗抓挖副孔，副孔的宽度要求小于抓斗的有效作用宽度。这种方法可以充分发挥两种机具的优势，抓斗的效率高，而钻机可钻进不同深度地层。在具体施工时，可以“两钻一抓”，也可以“三钻两抓”“四钻三抓”，形成不同长度的槽孔。钻抓法主要适合于粒径较小的松散软弱地层。

3.分层钻进法

分层钻进法常采用回转式钻机造孔。在分层成槽时，槽孔两端应领先钻进。分层钻进法是利用钻具的重量和钻头的回转切削作用，按一定程序分层下挖，用砂石泵经空心钻杆将土连同泥浆排出槽外，同时不断补充新鲜泥浆，维持泥浆液面稳定的方法。

分层钻进法适用于均质颗粒的地层，使碎渣能从排渣管内顺利通过。

4.铣削法

铣削法采用液压双轮铣槽机，先从槽段一端开始铣削，然后逐层下挖成槽。液压双轮铣槽机是一种目前比较先进的防渗墙施工机械，它有两组相向旋转的铣切刀轮对地层进行切削，这样可抵消地层的反作用力，保持设备的稳定。切削下来的碎屑集中在中心，由离心泥浆泵通过管道排到地面。

以上各种造孔挖槽方法，都是采用泥浆固壁，在泥浆液面下钻挖成槽的。在造孔过程中，要严格按操作规程施工，防止掉钻、卡钻、埋钻等事故发生；必须经常注意泥浆液面的稳定，当发现严重漏浆时，要及时补充泥浆，采取有效的止漏措施；要定时测定泥浆的性能指标，以免影响工作，甚至造成孔壁坍塌；要保持槽壁平直，保证孔位、孔斜、孔深、孔宽以及槽孔搭接厚度；嵌入岩基的深度等应满足规定的要求，防止漏钻漏挖和欠钻欠挖。

（三）泥浆固壁

在松散透水的地层和坝（堰）体内进行造孔成槽，如何维持槽孔孔壁的稳定是防渗墙施工的关键技术之一。工程实践表明，泥浆固壁是解决这类问题的主要方法。

泥浆固壁的原理如下：由于槽孔内的泥浆压力要高于地层的水压力，使泥浆渗入槽壁介质中，其中较细的颗粒进入空隙，较粗的颗粒附在孔壁上，形成泥皮；泥皮对地下水的流动形成阻力，使槽孔内的泥浆与地层被泥皮隔开；泥浆一般具有较大的密度，所产生的侧压力通过泥皮作用在孔壁上，就保证了槽壁的稳定。

在造孔过程中，泥浆除了具有固壁作用，还有悬浮岩屑和冷却润滑钻头的作用。成墙以后，渗入孔壁的泥浆和胶结在孔壁上的泥皮，还对防渗有辅助作用。

由于泥浆的特殊性和重要性，在国内外工程的防渗墙施工中，对于泥浆的制浆土料、配比以及质量控制等方面均有严格的要求。

泥浆的制浆材料主要有膨润土、黏土、水，以及改善泥浆性能的掺和料，如加重剂、增黏剂、分散剂和堵漏剂等。制浆材料通过搅拌机进行拌制，经筛网过滤后，放入专用储浆池备用。

根据大量的工程实践，我国对制浆土料提出如下基本要求：黏粒含量大于50%，塑性指数大于20，含砂量小于5%，二氧化硅与氧化铝含量的比值以3～4为宜；配制而成的泥浆，其性能指标应据地层特性、造孔方法和泥浆用途等，通过试验选定。

泥浆的造价一般可占防渗墙总造价的15%以上，故应尽量做到泥浆的再生净化和回收利用，以降低工程造价，同时也有利于环境的保护。

（四）终孔验收和清孔换浆

终孔验收的项目与要求如表2-2所示。验收合格后方准进行清孔换浆。清孔换浆的目的是要清除回落在孔底的沉渣，换上新鲜泥浆，以保证混凝土和不透水层连接的质量。清孔换浆应该达到的标准是经过1 h后，孔底淤积厚度不大于10 cm，孔内泥浆比重不大于1.3，黏度不大于30 s，含砂量不大于10%。一般要求在清孔换浆后4 h内开始浇筑混凝土。如果不能按时浇筑，应采取措施防止落淤，否则在浇筑前要重新进行清孔换浆。

表 2-2　终孔验收项目与要求

终孔验收项目	终孔验收要求	终孔验收项目	终孔验收要求
槽位允许偏差	±3 cm	一、二期槽孔搭接孔位中心偏差	≤1/3 设计墙厚
槽宽要求	≥设计墙厚	槽孔水平断面上	没有梅花孔、小墙
槽孔孔斜	≤4‰	槽孔嵌入岩基深度	满足设计要求

（五）槽孔浇筑

防渗墙的混凝土浇筑和一般的混凝土浇筑不同，其是在泥浆下进行的。泥浆下浇筑混凝土的主要特点如下：①不允许泥浆与混凝土掺混形成泥浆夹层；②确保混凝土与基础以及一、二期混凝土之间的结合；③连续浇筑，一气呵成。

泥浆下浇筑混凝土常用直升导管法。导管由若干节 ϕ20～25 cm 的钢管连接而成，沿槽孔轴线布置；相邻导管的间距不宜大于 3.5 m，一期槽孔两端的导管距端面 1.0～1.5 m 为宜，二期槽孔两端的导管距孔端 0.5～1.0 m 为宜；开浇时导管口距孔底 10～25 cm；当孔底高差大于 25 cm 时，导管中心应布置在该导管控制范围的最低处。这样布置导管，有利于全槽混凝土面的均衡上升，有利于一、二期混凝土的结合，并可防止混凝土与泥浆掺混。

在浇筑前，应仔细检查导管的形状、接头、焊缝的质量，过度变形和破损的不能使用，并按预定长度在地面进行分段组装和编号，导管的长度等于安设的孔深加槽孔上部的余高减去导管底部与孔底的距离。

槽孔浇筑应严格遵循先深后浅的顺序，即从最深的导管开始，由深到浅一个一个导管依次开浇，待全槽混凝土面浇平以后，再全槽均衡上升。

在每个导管开浇时，先下入导注塞，并在导管中灌入适量的水泥砂浆，准备好足够数量的混凝土，将导注塞压到导管底部，使管内泥浆挤出管外。然后将导管稍微上提，使导注塞浮出，一举将导管底端被泻出的砂浆和混凝土埋住，保证后续浇筑的混凝土不致与泥浆掺混。

在浇筑过程中，应保证连续供料，一气呵成；保持导管埋入混凝土的深度不少于 1 m，但不超过 6 m，以防泥浆掺混或埋管；维持全槽混凝土面均衡上升，上升速度不应小于 2 m/h，高差控制在 0.5 m 范围内。

在浇筑过程中，应注意观测，做好混凝土面上升的记录，防止堵管、埋管、导管漏浆和泥浆掺混等事故的发生。

总之，槽孔的混凝土浇筑，必须保持均衡、连续、有节奏，直到全槽成墙为止。

四、防渗墙的质量检查

对混凝土防渗墙的质量检查应按规范及设计要求进行，主要有以下几个方面的内容：

第一，槽孔的检查，包括几何尺寸和位置、钻孔偏斜、入岩深度等。

第二，清孔检查，包括槽段接头、孔底淤积厚度、清孔质量等。

第三，混凝土质量的检查，包括原材料、新拌料的性能、硬化后的物理力学性能等。

第四，墙体的质量检测，主要通过钻孔取芯、超声波及地震层析成像技术等方法全面检查墙体的质量。

第三章　土石方工程施工

第一节　土石分级

在水利工程施工中，根据开挖的难易程度，将土分为 4 级，将岩石分为 12 级。

一、土的分级

土的分级以开挖方法为依据，用铁锹或略加脚踩开挖的为Ⅰ级；用铁锹，且需用脚踩开挖的为Ⅱ级；用镐、三齿耙开挖或用铁锹需用力加脚踩开挖的为Ⅲ级；用镐、三齿耙等开挖的为Ⅳ级。土的分级具体如表 3-1 所示。

表 3-1　土的分级表

土的等级	土的名称	自然湿密度/（kg/m^3）	外观及其组成特性	开挖工具
Ⅰ	沙土、种植土	1 650～1 750	疏松、黏着力差	用铁锹或略加脚踩开挖
Ⅱ	壤土、淤泥、含根种植土	1 750～1 850	开挖时能成块，并易打碎	用铁锹，且需用脚踩开挖
Ⅲ	黏土、干燥黄土、干淤泥、含少量砾石的黏土	1 800～1 950	黏手、看不见砂粒或干硬	用镐、三齿耙开挖或用铁锹需用力加脚踩开挖

续表

土的等级	土的名称	自然湿密度/（kg/m³）	外观及其组成特性	开挖工具
Ⅳ	坚硬黏土、砾质黏土、含卵石黏土	1 900～2 100	结构坚硬，分裂后呈块状，或含黏粒、砾石较多	用镐、三齿耙等开挖

土的工程性质对土方工程的施工方法及工程进度影响很大。土的工程性质主要涉及密度、含水量、渗透性、可松性等方面。其中，土的可松性是指自然状态的土挖掘后变松散的性质。

土方中有自然方、松散方、压实方等计量方法，其换算关系如表 3-2 所示。

表 3-2　土石方的松实系数

项目	自然方	松方	实方
土方	1	1.33	0.85
石方	1	1.53	1.31
砂	1	1.07	0.94
混合料	1	1.19	0.88

注：本表摘自《水利建筑工程预算定额》。

二、岩石的分级

根据岩石坚固系数的大小，可以对岩石进行分级。前 10 级（Ⅴ～ⅩⅣ）的坚固系数在 1.5～20，除Ⅴ级的坚固系数在 1.5～2.0 外，其余以 2 为级差；坚固系数在 20～25，为ⅩⅤ级；坚固系数在 25 以上，为ⅩⅥ级。岩石分级如表 3-3 所示。

表 3-3　岩石的分级表

岩石级别	岩石名称	天然湿度下平均容重/（kg/m³）	凿岩机钻孔/（min/m）	极限抗压强度 *R*/MPa	坚固系数 *f*
Ⅴ	1.硅藻土及软的白垩岩； 2.硬的石炭纪的黏土； 3.胶结不紧密的砂岩； 4.各种不坚实的页岩	1 550 1 950 1 900～2 200 2 000		20 以下	1.5～2.0
Ⅵ	1.软的有孔隙的节理多的石灰岩及贝壳石灰岩； 2.密实的白垩岩； 3.中等坚实的页岩； 4.中等坚实的泥灰岩	1 200 2 600 2 700 2 300		20～40	2.0～4.0
Ⅶ	1.水成岩、卵石经石灰质胶结而成的砾岩； 2.风化的、节理多的黏土质砂岩； 3.坚硬的泥质页岩； 4.坚实的泥灰岩	2 200 2 200 2 300 2 500		40～60	4.0～6.0
Ⅷ	1.角砾状花岗岩； 2.泥灰质石灰岩； 3.黏土质砂岩； 4.云母页岩及砂质页岩； 5.硬石膏	2 300 2 300 2 200 2 300 2 900	6.8（5.7～7.7）	60～80	6.0～8.0
Ⅸ	1.软的风化较甚的花岗岩、片麻岩及正长岩； 2.滑石质的蛇纹岩； 3.密实的石灰岩； 4.水成岩、卵石经硅质胶结的沙砾岩； 5.砂岩； 6.砂质、石灰质的页岩	25 00 2 400 2 500 2 500 2 500 2 500	8.5（7.86～9.2）	80～100	8.0～10.0

续表

岩石级别	岩石名称	天然湿度下平均容重/（kg/m³）	凿岩机钻孔/（min/m）	极限抗压强度 *R*/MPa	坚固系数 *f*
Ⅹ	1.白云石； 2.坚实的石灰岩； 3.大理石； 4.石灰质胶结的质密的沙砾岩； 5.坚硬的砂质页岩	2 700 2 700 2 700 2 600 2 600	10（9.3～10.8）	100～120	10～12
Ⅺ	1.粗粒花岗岩； 2.特别坚实的白云岩； 3.蛇纹岩； 4.火成岩、卵石经石灰质胶结的砾岩； 5.石灰质胶结的坚实的砂岩； 6.粗粒正长岩	2 800 2 900 2 600 2 800 2 700 2 700	11.2（10.9～11.5）	120～140	12～14
Ⅻ	1.有风化痕迹的安山岩及玄武岩； 2.片麻岩、粗面岩； 3.特别坚硬的石灰岩； 4.火成岩、卵石经硅质胶结的砾岩	2 700 2 600 2 900 2 900	12.2（11.6～13.3）	140～160	14～16
ⅩⅢ	1.中粗花岗岩； 2.坚实的片麻岩； 3.辉绿岩； 4.玢岩； 5.坚硬的粗面岩； 6.中粒正长岩	3 100 2 800 2 700 2 500 2 800 2 800	14.1（13.4～14.8）	160～180	16～18

续表

岩石级别	岩石名称	天然湿度下平均容重/（kg/m³）	凿岩机钻孔/（min/m）	极限抗压强度 R/MPa	坚固系数 f
XⅣ	1.特别坚硬的粗粒花岗岩； 2.花岗片麻岩； 3.闪长岩； 4.最坚实的石灰岩； 5.坚实的玢岩	3 300 2 900 2 900 3 100 2 700	15.6（14.9～18.2）	180～200	18～20
XⅤ	1.安山岩、玄武岩、坚实的角闪岩； 2.最坚实的辉绿岩及闪长岩； 3.坚实的辉长岩及石英岩	3 100 2 900 2 800	20（18.3～24）	200～250	20～25
XⅥ	1.钙钠长玄武岩和橄榄玄武岩； 2.特别坚实的辉长岩、橄榄岩、石英及玢岩	3 300 3 000	24 以上	250 以上	25 以上

注：坚固系数 f 的值为 R/10，R 为岩石的极限抗压强度（MPa）。

第二节　土石方工程量的计算与调配

一、土石方工程量的计算

在土石方工程施工之前，通常需要计算土石方的工程量。但土石方工程的外形往往比较复杂、不规则，要得到精确的计算结果很困难。一般情况下，都是将其假设划分为一定的几何形状进行计算。土石方工程计算内容较多，常用的有基坑土石方量计算、基槽土石方量计算、场地平整土方量计算与边坡土方量计算等。

（一）基坑土石方量计算

基坑的土石方量可以按台体计算，计算公式如下：

$$V=\frac{H}{6}(A_1+4A_0+A_2) \tag{3-1}$$

式中：V——土石方工程量，m^3；

H——基坑的深度，m；

A_1，A_2——基坑的上、下底面积，m^2；

A_0——A_1与A_2之间的中截面面积，m^2。

（二）基槽土石方量计算

基槽是狭长的沟槽，其土石方量的计算可沿其长度方向分段进行，即根据选定的断面及两相邻断面间的距离，按其几何体积计算出区段间沟槽土方量，然后相加求得总方量。

当基槽某段内横断面尺寸不变时，其土方量即为该段横截面面积乘以该段基槽的长度。

（三）场地平整土方量计算

场地平整是将施工现场平整为满足施工要求的一块平整场地的过程。在场地平整前，应确定场地的设计标高，计算挖填土方工程量，进行填挖平衡调配。

场地平整土方量的计算，是为了制订施工方案，对填挖方进行合理调配，同时也是检查及验收实际土方数量的依据。场地平整土方量的计算方法，通常有方格网法和断面法。

1.方格网法

方格网法的计算步骤为：

第一，在地形图（比例尺一般为 1/500）上，将整个场地划分为若干个网格，网格的边长一般取 10～40 m。

第二，计算各方格角点的自然标高。

第三，确定场地设计标高，并根据泄水坡度要求计算各方格角点的设计标高。

第四，确定各角点的填挖高度。

第五，确定零线，即填挖的分界线。

第六，计算各方格内填挖土方量和场地边坡土方量，然后累加求得整个场地土方量。

这种方法适用于场地平缓或台阶宽度较大的场地。在计算时，可用专门的土方工程量计算表。计算大规模场地土方量时，需用电子计算机进行计算。

2.断面法

沿场地取若干个相互平行的断面，将所取的每个断面（包括边坡断面）划分为若干个三角形和梯形。求出断面面积以后，即可进行土方体积的计算。

（四）边坡土方量计算

为了保持土体的稳定和安全，挖方和填方的边沿都应做成一定坡度的边坡。边坡的坡度应根据不同填挖高度、土的物理力学性质和工程的重要性由设计确定。场地边坡的土方工程量，一般可根据近似的几何体进行计算。

二、土方的平衡调配

土方的平衡调配，是对挖土、填土、堆弃或移运之间的关系进行综合协调，以确定土方的调配数量及调配方向的过程。它的目的是使土方运输量或土方运输成本最低。土方的平衡调配工作主要包括划分土方调配区、计算土方的平均运距和单位土方的运价、编制土方调配图表、确定土方的最优调配方案。进行土方平衡调配，必须根据工程和现场情况、有关技术资料、进度要求、土方施工方法及分期分批施工工程的土方堆放和调运方案等，经综合考虑并确定平衡调配原则后，再着手进行。

（一）土方平衡调配的原则

进行土方平衡调配时，应遵循以下几个原则：

第一，应力求达到挖填平衡和运距最短。

第二，调配区的划分应该与构（建）筑物的平面位置相协调，并考虑它们的分期施工顺序，对有地下设施的填土，应留土后填。

第三，好土要用在回填质量要求较高的地区。

第四，分区调配应与全场调配相协调，避免只顾局部平衡，任意挖填而妨碍全局平衡。

第五，取土或弃土应尽量少占或不占农田，且便于机械施工。

（二）土石方调配

所谓土石方调配，就是要将基坑或料场开挖的土石料合理地用于各填筑或弃料区。理论上讲，调配是否合理的主要判断指标是运输费用，费用花费最少的方案就是最好的调配方案。当开挖区或采料场数量较少，而填筑区或弃料场也很少时，这种调配很简单；反之，调配就可能很复杂。对于较复杂的问题，可采取简化措施，例如在土石坝施工中，可分为黏土、沙砾料和块石等几个独立部分来考虑。

在实际工程中，为了充分利用开挖料，减少二次转运的工作量，土石方调配需考虑许多因素，如围堰填筑时间、土石坝填筑时间和高程、厂前区管道施工工序、围堰拆除方法、弃渣场地（上游或下游）、运输条件（是否过河、架桥时间）等，所以是一项细致的工作。合理的土石方调配对控制工程造价、施工进度等起着重要作用。

第三节　石方开挖

一、开挖程序

（一）选择开挖程序的原则

从整个水利工程施工的角度考虑，选择合理的开挖程序，对加快施工进度具有重要作用。在选择开挖程序时，应综合考虑以下原则：

第一，根据地形条件、枢纽建筑物布置、导流方式和施工条件等具体情况合理安排。

第二，把保证工程质量和施工安全作为安排开挖程序的前提，且应尽量避免在同一垂直空间同时进行双层或多层作业。

第三，按照施工导流、截流、拦洪度汛、蓄水发电以及施工期通航等项工程进度要求，分期、分阶段地安排好开挖程序，并注意开挖施工的连续性，考虑后续工程的施工要求。

第四，对受洪水威胁和与导流、截流有关的部位，应先安排开挖；对不适宜在雨雪天或高温、严寒季节开挖的部位，应尽量避免在这种气候条件下安排施工。

第五，对地质不良地段或不稳岩体岸（边）坡的开挖，必须充分重视，做到开挖程序合理、措施得当，以保证施工安全。

（二）开挖程序及其适用条件

水利工程的基础石方开挖，一般包括岸坡和基坑的开挖。岸坡开挖一般不受季节限制；而基坑开挖则多在围堰的防护下施工，它是主体工程的第一道工序。对于溢洪道或渠道等工程的开挖，如无特殊的要求，则可按渠首、闸室、渠身段、尾水消能段或边坡、底板等部位的石方做分项分段安排，并考虑其开挖程序的合理性。在设计时，可结合工程本身特点，参照表 3-4 选择开挖程序。

表 3-4　石方开挖程序及其适用条件

开挖程序	安排步骤	适用条件
自上而下开挖	先开挖岸坡，后开挖基坑；或先开挖边坡后开挖底板	施工场地窄小、开挖量大且集中的部位
自下而上开挖	先开挖下部，后开挖上部	施工场地较大、岸坡（边坡）较低缓或岩石条件许可的部位，并有可靠技术措施
上下结合开挖	岸坡与基坑或边坡与底板上下结合开挖	有较宽阔的施工场地、可以避开施工干扰的工程部位
分期或分段开挖	按照施工时段或开挖部位、高程等进行安排	分期导流的基坑开挖或有临时过水要求的工程项目

二、石方开挖的基本要求

在开挖程序确定之后，要根据岩石条件、开挖尺寸、工程量和施工技术等要求，通过方案比较拟定合理的开挖方式。石方开挖的基本要求如下：

第一，保证开挖质量和施工安全。

第二，符合施工工期和开挖强度的要求。

第三，有利于维护岩体完整和边坡稳定。

第四，可以充分发挥施工机械的生产能力。

第五，辅助工程量小。

三、开挖方式

长时间以来，按照破碎岩石的方法，开挖石方主要有钻爆开挖和直接应用机械开挖两种施工方法。直到 20 世纪 80 年代初，国内外出现一种用膨胀剂作破碎岩石材料的“静态破碎法”。

（一）钻爆开挖

钻爆开挖是当前广泛采用的开挖施工方法，其开挖方式有薄层开挖、分层开挖（梯段开挖）、全断面开挖和特高梯段开挖等。钻爆开挖各方式的适用条件及优缺点如表 3-5 所示。

表 3-5　钻爆开挖各方式的适用条件及优缺点

开挖方式	特点	适用条件	优缺点
薄层开挖	爆破规模小	一般开挖深度＜4 m	1.风、水、电和施工道路布置简单； 2.钻爆灵活，不受地形条件限制； 3.生产能力低
分层开挖	按层作业	一般层厚＞4 m，是大方量石方开挖常用的方式	1.几个工作面可以同时作业，生产能力高； 2.在每一分层上都需布置风、水、电和出渣道路
全断面开挖	开挖断面一次成型	用于特定条件下	1.单一作业，集中钻爆，施工干扰小； 2.钻爆作业时间长
特高梯段开挖	梯段高 20 m 以上	用于高陡岸坡开挖	1.一次开挖量大，生产能力高； 2.集中出渣，辅助工程量小； 3.需要相应的配套机械设备

（二）直接用机械开挖

直接用机械开挖是一种使用带有松土器的重型推土机破碎岩石的方法，其可一次破碎 0.6～1.0 m 的岩石，该法适用于施工场地宽阔、大方量的软岩石方工程。直接用机械开挖的优点是没有钻爆作业，不需要风、水、电等辅助设施，不但简化了布置，而且施工进度快，生产能力高。但该开挖方式不适于破碎坚硬岩石。

（三）静态破碎法

在炮孔内装入破碎剂，利用药剂自身的膨胀力，缓慢地作用于孔壁，经过数小时达到 300～500 kgf/cm^2 的压力，使介质开裂，这种开挖方法叫静态破碎法。该法适用于在设备附近、高压线下，以及开挖与浇筑过渡段等特定条件下的开挖与岩石切割或建筑物的拆除。静态破碎法的优点是安全可靠，没有爆破所产生的公害；缺点是破碎效率低，开挖时间长。对于大型的或复杂的工程，在使用破碎剂时，还要考虑使用机械挖除等联合作业手段，或与控制爆破配合，才能提高效率。破碎剂与炸药的比较如表 3-6 所示。

表 3-6　破碎剂与炸药的比较

破碎材料	破碎原理	反应时间/s	压力/（kgf/cm^2）	温度/℃	破碎特点	对环境的影响
炸药	气体膨胀	10^{-5}～10^{-6}	10^4～10^5以上	2 000～4 000	高压、瞬时	有振动、噪声、飞石和有毒气体
破碎剂	固体膨胀	10^{-4}～10^{-5}	300～500	50～80	低压、缓加载	无公害

第四节　坝基、溢洪道、渠道及边坡开挖

一、坝基开挖

（一）开挖程序

坝基开挖程序的选择与坝型、枢纽布置、地形地质条件、开挖量，以及导流程序与导流方式等因素有关。其中，导流程序与导流方式是主要因素。坝基开挖常用的程序如表 3-7 所示。

表 3-7　坝基开挖常用程序

坝型	选择因素		常用开挖程序	施工条件	开挖步骤
	一般地形条件	常用导流方式			
拱坝或重力坝	河床狭窄，两岸边坡陡峻	全段围堰法、隧洞导流	自上而下，先开挖两岸边坡后开挖基坑	1.开挖施工布置简单； 2.基坑开挖基本可全年施工	1.在导流隧洞施工时，同时开挖常水位以上边坡； 2.河床截流后，开挖常水位以下两岸边坡、浮渣和基坑覆盖层； 3.从上游至下游进行基坑开挖
低坝或闸坝	河床开阔、两岸平坦（多属平原地区河流）	全段围堰法、明渠导流或分段围堰法导流	上下结合开挖或自上而下开挖	1.开挖施工布置简单； 2.基坑开挖基本可全年施工	1.先开挖明渠； 2.截流后开挖基坑或基坑与岸坡上下结合开挖
重力坝	河床宽阔、两岸边坡比较平缓	分段围堰法、大坝底孔和梳齿导流	上下结合开挖	1.开挖施工布置较复杂； 2.由导流程序决定开挖施工分期	1.先开挖围堰段一侧边坡； 2.开挖导流段基坑和另一岸边坡； 3.导流段完建、截流后，开挖另一侧基坑

（二）开挖方式

在开挖程序确定以后，开挖方式的选择主要取决于总开挖深度、具体开挖部位、开挖量、技术要求以及机械化施工因素等。

1.薄层开挖

开挖深度小于 4 m 的坝基，应采用薄层开挖。具体的开挖方法有劈坡开挖、大面积群孔爆破开挖、先掏槽后扩大开挖等，它们的适用条件和施工要点如表

3-8 所示。

表 3-8　坝基薄层开挖

开挖方法	适用条件	施工要点
劈坡开挖	开挖深度小、坡度陡的岸坡	自上而下每次钻爆深度 3～4 m，一般情况由人工翻渣至坡脚处，然后挖除
大面积群孔爆破开挖	开挖深度小于 2～3 m 的基坑；手风钻钻孔，小型机械或人工半机械化施工	钻孔深度 2 m 左右，一次孔数 400～600 孔，爆破面积 500 m^2 左右；推土机集渣，由一端或两端出渣
先掏槽后扩大开挖	开挖深度小于 4 m 的基坑；应用中小型机械施工	一次钻孔深度 3 m 左右，以掏槽爆破创造临空面和打通出渣道，由一端或两端出渣

2.分层开挖

开挖深度大于 4 m 的坝基，一般采用分层开挖。具体的开挖方法有自上而下逐层爆破开挖、台阶式分层爆破开挖、竖向分段爆破开挖、深孔与药室组合爆破开挖以及药室爆破开挖等，它们的适用条件及施工要点如表 3-9 所示。

表 3-9　坝基分层开挖

开挖方法	适用条件	施工要点
自上而下逐层爆破开挖	开挖深度大于 4 m 的基坑；需要有专用深孔钻机和大斗容、大吨位的出渣机械	先在中间开挖先锋槽（槽宽应大于或等于机械回转半径），然后向两侧扩大开挖
台阶式分层爆破开挖	挖方量大、边坡较缓的岸坡；开挖断面需满足大型施工机械联合作业的空间要求	在坡顶平整场地和在边坡上沿每层开辟施工道路；当上下多层同时作业时，应予错开和进行必要的防护
竖向分段爆破开挖	边坡较高、较陡的岸坡	由边坡表面向里，竖向分段钻爆；爆破后的石渣翻至坡脚处，集中出渣
深孔与药室组合爆破开挖	分层高度大于钻机正常钻孔深度的岸坡	梯段上部布置深孔，梯段下部布置药室
药室爆破开挖	平整施工场地和开辟施工道路，为机械施工创造条件	开挖导洞，在洞内开凿药室

3.全断面开挖和高梯段开挖

此开挖方式适用的梯段高度一般大于 20 m，主要特点是通过钻爆使开挖面一次成型。

（三）保护层开挖

在坝基保护层开挖施工中，水平建基面高程的偏差不应大于±20 cm。设计边坡轮廓面的开挖偏差，在一次钻孔深度开挖时，不应大于其开挖高度的±2%；在分台阶开挖时，其最下部一个台阶坡脚位置的偏差，以及整体边坡的平均坡度，均应符合设计要求。此外，还应注意不能使水平建基面产生大量爆破裂隙，也不能使节理裂隙面、层面等弱面明显恶化，并损害岩体的完整性。

在坝基开挖中为了达到设计的开挖面，而又不破坏周边岩层结构，如河床、两岸坝岸、发电厂基础、廊道等工程连接部分的岩基开挖，根据规范要求及常规做法都要留有一定的保护层，紧邻水平建基面的保护层厚度应由爆破试验确定，若无条件进行试验，则可以采用工程类比法确定，一般不小于 1.5 m。

对岩体保护层进行分层爆破，必须符合下列规定：

第一，第一层炮孔不得穿入距水平建基面 1.5 m 的范围，炮孔装药直径不应大于 40 mm，应采用梯段爆破的方法。

第二，第二层对节理裂隙不发育、较发育、发育和坚硬的岩体炮孔不得穿入距水平建基面 0.5 m 的范围；对节理裂隙极发育和软弱的岩体，炮孔不得穿入距水平建基面 0.7 m 的范围。炮孔与水平面的夹角不应大于 60°，炮孔装药直径不应大于 32 mm，采用单孔起爆方法。

第三，第三层对节理裂隙不发育、较发育、发育和坚硬的岩体炮孔不得穿入距水平建基面 0.2 m 的范围，剩余 0.2 m 厚的岩体应进行撬挖。炮孔角度、装药直径和起爆方法同第二层的要求。

第四，必须在通过试验证明可行并经主管部门批准后，才可在紧邻水平建基面采用有或无岩体保护层的一次爆破法。

运用无保护层的一次爆破法时，应注意以下几点：

第一，水平建基面开挖，应采用预裂爆破方法。

第二，基础岩石开挖，应采用梯段爆破方法。

第三，梯段爆破孔孔底与预裂爆破面应有一定的距离。

二、溢洪道和渠道的开挖

（一）开挖程序

溢洪道、渠道的常用过水断面一般为梯形或矩形。溢洪道、渠道开挖程序的选择应考虑现场地形与施工道路等条件，结合混凝土衬砌的安排以及拟采用的施工方法等。溢洪道、渠道的开挖程序如表 3-10 所示。

表 3-10　溢洪道、渠道开挖程序选择

主要因素	开挖程序	适用工程类型
考虑临时泄洪的需要安排开挖程序	分期开挖，每一期根据需要开挖到一定高程	溢洪道
根据现场的地形、道路等施工条件和挖方利用情况安排开挖程序	可分期、分段开挖	溢洪道
结合混凝土衬砌边坡和浇筑底板的顺序安排开挖程序	先开挖两岸边坡、后开挖底板，或上下结合开挖	溢洪道
按照构筑物的分类安排开挖程序	先开挖闸室或渠首，后开挖消能段及渠尾部分	溢洪道、渠道
根据采用人工或机械等不同施工方法划分开挖段	分段开挖	渠道

溢洪道、渠道开挖程序的设计须注意以下几个问题：

第一，应在两侧边坡顶部修建排水天沟，减少雨水冲刷。

第二，在施工中要保持工作面平整，并沿上下游方向贯通以利排水和出渣。

第三，根据开挖断面的宽窄、长度和挖方量的大小，一般应同时对称开挖两侧边坡，并随时修整，保持稳定。

第四，对窄而深的渠道，爆破受两侧岩壁的约束力大，爆破效果一般较差，应结合钻爆设计安排合理的开挖程序。

第五，渠身段可采用大爆破施工方法，但要注意控制渠首附近的最大起爆药量，防止破坏山岩而造成渗漏。

（二）开挖方式

溢洪道、渠道的常用开挖方式如表 3-11 所示。

表 3-11　溢洪道、渠道常用开挖方式

开挖方式	适用条件	施工要点
深孔分段爆破	为常规开挖施工方法，应用广泛	先中间挖槽贯通上下游，然后向两侧扩大开挖，由一端或两端同时向中间推进
扬弃爆破	用于揭露地表覆盖层或开挖渠身段	先沿轴线方向开挖平导洞，然后向两侧开挖药室，爆破后的石渣可大部分抛至开挖断面以外
小型洞室爆破	在缺少专用钻机的条件下采用	沿轴线方向布置多排竖井药室，靠近两侧边坡处布置蛇穴药室
分层分块钻爆	用于人工半机械或中小型机械施工	根据施工机械化程度确定分层厚度和分块尺寸
楔形掏槽爆破	用于开挖深度小于 6 m 的浅窄渠道	沿轴线方向进行掏槽爆破，两侧边坡钻预裂孔，底板预留保护层
定向爆破	用于浅渠开挖	爆破的石渣按预定的一侧或两侧抛至断面以外，通过爆破使渠道成型
直接应用机械	用于软岩开挖	利用带有松土器的重型推土机分层破碎，每层破碎深度 0.5～1.0 m

三、边坡开挖

边坡开挖应在边坡稳定分析的基础上，判明影响边坡稳定的主导因素，对边坡变形破坏形式和原因作出正确的判断后，制定可行的开挖措施，以免因工程施工影响边坡的稳定性。

（一）开挖施工要点

1.改善边坡的稳定性

具体措施如下：

第一，拦截地表水和排除地下水，防止边坡稳定性恶化。可在边坡变形区以外 5 m 开挖截水天沟和变形区以内开挖排水沟，拦截和排除地表水；同时，可采用喷浆、勾缝、覆盖等方式保护坡体不受渗水侵害。对于地下水的排除，可根据岩体结构特征和水文地质条件，采用倾角小于 10°～15° 的钻孔排水；对于有明显含水层、可能产生深层滑动的边坡，可采用平洞排水。

第二，对于不稳定型边坡开挖，可以先作稳定处理，然后进行开挖。例如，采用抗滑挡墙、抗滑桩、锚筋桩、预应力锚索以及化学灌浆等方法，必要时进行边挡护边开挖。

第三，尽量避免雨季施工，并力争一次处理完毕。如雨季施工，应采用临时封闭措施，做好稳定性观测和预报工作。

2.按照开挖程序施工

边坡开挖应按照“先坡面、后坡脚”自上而下的开挖程序施工，并限制坡比，使坡高在允许范围之内，必要时应增设马道。在开挖时，还应注意不切断层面或楔体棱线，不使滑体悬空而失去支撑作用，坡高应尽量控制到不涉及有害软弱面及不稳定岩体。

3.控制爆破规模

边坡开挖应控制爆破规模，以防爆破振动附加动荷载使边坡失稳。为避免造成过多的爆破裂隙，开挖邻近最终边坡时，应采用光面、预裂爆破，必要时改用小炮、风镐或人工撬挖。

（二）开挖方式

1.一次削坡开挖

一次削坡开挖主要用于开挖边坡高度较低的不稳岩体，如溢洪道或渠道边坡。一次削坡开挖的施工要点是由坡面至坡脚顺面开挖，即先降低滑体高度，再循序向里开挖。

2.分段跳槽开挖

分段跳槽开挖主要用于有支挡（如挡土墙、抗滑桩）要求的边坡开挖。分段跳槽开挖的施工要点是开挖一段，支护一段。

3.分台阶开挖

当边坡的坡高较大时，宜采用分台阶开挖的方式，分层留出平台或马道以提高边坡的稳定性。台阶高度由边坡处于稳定状态下的极限滑动体高度和极限坡高来确定，其值由力学计算的有关算式求得。为保证施工安全，应将计算的极限值除以安全系数，作为允许值。

第五节　土石坝施工

土石坝是一种充分利用当地材料的坝型。随着大型高效施工机械在水利工程中的广泛使用，施工人数大量减少，施工工期不断缩短，施工费用显著降低，施工条件日益改善，土石坝的应用更加广泛。

根据施工方法不同，土石坝分为干填碾压坝、水中填土坝、水力冲填（包括水坠坝）坝和定向爆破坝等类型。国内以碾压土石坝应用得最多，下面以碾压土石坝为例简单介绍下土石坝的施工流程。

一、土石坝的施工流程

碾压土石坝的施工，包括施工准备作业、基本作业、辅助作业和附加作业等。

准备作业包括“三通一平”（通车、通水、通电和平整场地），架设通信线路，修建生产、生活福利、行政办公用房以及排水清基等工作。

基本作业包括料场土石料的挖、装、运、卸以及坝面铺平、压实和质检等工作。

辅助作业是保证准备作业、基本作业顺利进行，创造良好工作条件的作业，包括清除施工场地及料场的覆盖层，从上坝土石料中剔除超径石块、杂物，以及坝面排水、层间刨毛和洒水等工作。

附加作业是保证坝体长期安全运行的防护及修整工作，包括坝坡修整、铺砌护面块石及种植草皮等。

二、土石料场的规划

土石坝用料量很大，在选坝阶段就要对土石料场做全面调查。此外，在施工前，应配合施工组织设计，对料场做深入勘测，并从时间、空间、质量和数量等方面进行全面规划。

（一）时间规划

所谓时间规划，就是要考虑施工强度和坝体填筑部位的变化。随着季节及坝前蓄水情况的变化，料场的工作条件也在变化。在用料规划方面，应力求做到在上坝强度高时用近料场，在上坝强度低时用较远的料场，使运输任务比较均衡；对近料和上游易淹的料场应先用，远料和下游不易淹的料场后用；含水量高的料场旱季用，含水量低的料场雨季用。在料场使用规划中，应保留一部分近料场供合龙段填筑和拦洪度汛高峰强度时使用。此外，还应对时间和空间进行统筹规划，否则往往难以取得预期的效果。

（二）空间规划

所谓空间规划，是指对料场位置、高程的恰当选择和合理布置。土石料的上坝运距应尽可能短些，高程应有利于重车下坡，减少运输机械功率的消耗。近料场不应因取料影响坝的防渗稳定和上坝运输，也不应使道路坡度过陡。坝的上下游、左右岸最好都有料场，这样有利于上下游、左右岸同时供料，减少施工干扰，保证坝体均衡上升。在用料时，原则上应低料低用，高料高用，当高料场储量有富余时，亦可高料低用。同时，料场的位置应有利于布置开采设备、交通便利及排水通畅。此外，土石料场还应与重要建筑物、构筑物、机械设备等保持足够的防爆、防震安全距离。

（三）质量和数量的规划

土石料场质量和数量的规划，是土石料场规划最基本的要求，也是决定土石料场取舍的重要因素。在选择和规划料场时，应对料场的地质成因、产状、埋深、储量以及各种物理力学指标进行全面勘探和试验，勘探精度应随设计深度的加深而提高。在进行用料规划时，不仅应使料场的总储量满足坝体总方量的要求，而且应满足施工各个阶段最大上坝强度的要求。

料尽其用，充分利用永久和临时建筑物基础开挖渣料是土石料场规划的一个重要原则。为此，应增加必要的施工技术组织措施，确保渣料的充分利用。若导流建筑物和永久建筑物的基础开挖时间与上坝时间不一致，则可以调整开挖和填筑进度，或增设堆料场储备渣料，供填筑时使用。

料场规划还应分别对主要料场和备用料场加以考虑。前者要求质好、量大、运距近，且有利于常年开采；后者通常在淹没区外，当前者被淹没或因库区水位抬高、土料过湿或其他原因中断使用时，则用备用料场保证坝体填筑不致中断。

在规划料场实际可开采总量时，应考虑料场勘探的精度、料场天然容重与坝体压实容重的差异，以及开挖运输、坝面清理、返工削坡等造成的损失。实际可开采总量与坝体填筑量之比一般为：土料 2～2.5；沙砾料 1.5～2；水下沙砾料 2～3；石料 1.5～2；反滤料应根据筛后有效方量确定，一般不宜小于 3。另外，料场选择还应与施工总体布置结合考虑，应根据运输方式、强度来研究运输线路的规划和装料面的布置。料场内装料面应保持合理的间距，间距太小会使道路频繁搬迁而影响工效，间距太大影响开采强度，通常装料面间距以 100 m 为宜。土石料场的规划还应考虑排水通畅，并全面考虑出料、堆料、弃料的位置，力求避免干扰以加快采运速度。

三、坝面作业施工组织规划

当基础开挖和基础处理基本完成后，就可进行坝面的铺填、压实施工。

坝面作业施工程序包括铺土、平土、洒水、压实（对于黏性土采用平碾，压实后尚需刨毛以保证层间结合的质量）、质检等工序。坝面作业，工作面狭窄，工序多，工种多，机械设备多，其施工须有妥善的组织规划。

为避免延误施工进度，坝面作业施工宜采用流水作业施工形式。

流水作业施工应先按施工工序数目对坝面分段，然后组织相应专业施工队依次进入各工段施工。这样，对同一工段而言，各专业队按工序依次连续施工；对各专业施工队而言，依次不停地在各工段完成固定的专业工作，实现了施工专业化。同时，各工段都有专业队使用固定的施工机具，从而保证施工过程中人、机、地三不闲，避免施工干扰，有利于坝面作业多、快、好、省、安全地进行。

假如将拟开展的坝面作业划分为铺土、平土洒水、压实、刨毛质检四道工序，那么应将坝面至少划分成四个相互平行的工段。在同一时间内，四个工段均有一个专业队完成一道工序，各专业队依次流水作业。

正确划分工段是组织流水作业施工的前提，每个工段的铺土面积取决于各施工段的上坝强度 Q_D（m^3/d），以及不同高程坝面面积的大小。

工段数目 m 可按下式计算：

$$m=\frac{W_B}{W_D} \tag{3-2}$$

式中：W_B——每个工作时段的铺土面积，m^2；

W_D——坝体某一高程工作面面积，可根据施工进度按图确定，m^2。

其中，W_B 可由下式求得：

$$W_B=\frac{Q_D}{h} \tag{3-3}$$

式中：h——根据压实试验确定的每层铺土厚度，m。

若 m'为流水作业工序数，m 为每层工段数，二者的大小关系可反映流水作业的组织情况。当 $m=m'$时，表示流水工段数等于流水工序数，有条件使流水作业在人、机、地三不闲的情况下进行；当 $m>m'$时，表示流水工段数大于流水工序数，这样流水作业在“地闲”而人和机械不闲的情况下进行；当 $m<m'$时，表示流水工段数小于流水工序数，表明人、机闲置，流水作业无法正常进行，这种情况应予避免。

出现 $m<m'$的情况是由于坝面升高、工作面减小或划分流水工序（即划分专业队）过多所致。若要增多流水工段数 m，则可通过缩短单位作业时间（工作时段），或降低上坝强度 Q_D、减少单位作业时间的铺土面积 W_B 来解决；若要减少流水工序数目 m'，则可合并某些工序，如将铺土、平土洒水、压实和质

检刨毛四道工序中的前两道工序合并为铺土平土洒水一道工序。

铺土宜平行坝轴线进行，铺土厚度要匀，超径不合格的土块应打碎，石块、杂物应剔除。当进入防渗体内铺土时，自卸汽车卸料宜用进占法倒退铺土，使汽车始终在松土上行驶，避免在压实土层上开行，造成超压，引起剪力破坏。汽车穿越反滤层进入防渗体，容易将反滤料带入防渗体内，造成防渗土料与反滤料混杂，影响坝体质量。因此，应在坝面每隔 40～60 m 设专用“路口”，每填筑二三层换一次“路口”位置。这样既可防止不同土料混杂，又能防止超压产生剪切破坏；万一在“路口”出现质量事故，也便于集中处理，不影响整个坝面作业。

按设计厚度铺土平土是保证压实质量的关键。在实际的坝面作业施工中，多采用带式运输机或自卸汽车运料上坝，它们卸料比较集中。为保证铺土均匀，需用推土机或平土机散料平土。国内不少工地采用“算方上料、定点卸料、随卸随平、定机定人、铺平把关、插杆检查”的措施，使平土工作取得了良好的效果。土料的铺填不应使坝面起伏不平，以免降雨积水。

黏性土料含水量偏低，一般应在料场加水，若需在坝面加水，应力求“少、勤、匀”，以保证压实效果。对非黏性土料，为防止其在运输过程中脱水过量，加水工作主要在坝面进行。石渣料和沙砾料压实前应充分加水，确保压实质量。

对于汽车上坝或光面压实机具压实的土层，应做刨毛处理，通常刨毛深度为 3～5 cm，以利于层间结合。刨毛可用推土机改装的刨毛机作业，工效高、质量好。

四、压实机械及其生产能力的确定

众所周知，土料不同，其物理力学性质不同，因此使之密实的作用外力也不同。黏性土料有较大的黏结力，要求压实作用外力能克服黏结力；非黏性土料（砂性土料、石渣料、砾石料）颗粒间有较大的内摩擦力，要求压实作用外力能克服颗粒间的内摩擦力。不同的压实机械会产生不同的压实作用外，大体可分为碾压、夯击和振动三种基本类型。

碾压机械产生的作用力是静压力，其大小不随作用时间而变化。

夯击机械产生的作用力为瞬时动力，有瞬时脉冲作用，其大小随时间和落高而变化。

振动机械产生的作用力为周期性的重复动力，其大小随时间呈周期性变化，振动周期的长短，随振动频率的大小而变化。

（一）压实机械及其压实方法

随着工程机械的发展，除了碾压、夯击、振动三种压实机械，又出现了振动和碾压同时作用的振动碾、振动和夯击同时作用的振动夯等。常用的压实机械有以下几种：

1.羊脚碾及其压实方法

羊脚碾与平碾不同，其碾压滚筒表面设有交错排列的截头圆锥体，状如羊脚。羊脚碾钢铁空心滚筒侧面设有加载孔，加载大小根据设计需要确定，加载物料有铸铁块和沙砾石等。碾滚的轴由框架支承，与牵引的拖拉机用杠辕相连。羊脚的长度随碾滚的重量增加而增加，一般为碾滚直径的1/6～1/7。若羊脚过长，其表面面积过大，压实阻力增加，羊脚端部的接触应力减小，则会影响压实效果。重型羊脚碾碾重可达30 t，羊脚相应长40 cm。拖拉机的牵引力随碾重增加而增加。

羊脚碾的羊脚插入土中，不仅使羊脚端部的土料受到压实，而且使侧向土料受到挤压，从而达到均匀压实的效果。在压实过程中，羊脚对表层土有翻松作用，无须刨毛就能保证土料层间的结合。

和其他碾压机械一样，羊脚碾的开行方式有进退错距法和圈转套压法两种。前者操作简便，碾压、铺土和质检等工序协调，便于分段流水作业，压实质量容易保证；后者要求开行的工作面较大，适合于多碾滚组合碾压，当转弯半径小时，容易引起土层扭曲，产生剪力破坏，且在转弯的四角容易漏压，质量难以保证。国内多采用进退错距法，用这种开行方式时，为避免漏压，可在碾压带的两侧先往复压够遍数后，再进行错距碾压。

2.振动碾及其压实方法

振动碾是一种振动和碾压相结合的压实机械，它由柴油机带动与机身相连的附有偏心块的轴旋转，迫使碾滚产生高频振动，振动以压力波的形式传到土体内。在振动作用下，非黏性土料土粒间的内摩擦力会迅速降低，同时由于颗粒大小不均匀，质量有差异，导致惯性力存在差异，从而产生相对位移，使细颗粒填入粗颗粒间的空隙而达到密实。然而，黏性土颗粒间有较大的黏结力，且土粒相对比较均匀，在振动作用下，不能取得像非黏性土那样的压实效果。

由于振动作用，振动碾的压实影响深度比一般碾压机械大 1～3 倍，可达 1 m 以上。它的碾压面积比振动夯、振动器压实面积大，生产率很高。振动碾压实效果好，能使非黏性土料的相对密度大为提高，坝体的沉陷量大幅度降低，稳定性明显增强，从而使土工建筑物的抗震性能大为改善。故抗震规范明确规定，对有防震要求的土工建筑物必须用振动碾压实。振动碾结构简单，制作方便，成本低廉，生产率高，是压实非黏性土石料的高效压实机械。

3.气胎碾及其压实方法

气胎碾有单轴和双轴之分。气胎碾的主要构造是装载荷重的金属车厢和装在轴上的 4～6 个气胎。当使用气胎碾碾压时，应在金属车厢内加载，并同时将气胎充气至设计压力。为防止气胎损坏，在停工后应用千斤顶将金属车厢支托起来，并把胎内的气放掉。

当使用气胎碾碾压土料时，气胎会随土体的变形而变形。随着土体压实密度的增加，气胎的变形也相应增加，从而使气胎与土体的接触面积随之增大，始终能保持较为均匀的压实效果。与刚性碾相比，气胎碾对土体的接触压力分布均匀且作用时间长，压实效果好，压实土料厚度大，生产效率高。

人们可根据压实土料的特性调整气胎的内压力，使气胎对土体的压力始终保持在土料的极限强度内。通常气胎的内压力，对于黏性土以（5～6）$\times 10^5$ Pa 为最佳，对于非黏性土则以（2～4）$\times 10^5$ Pa 最佳。平碾碾滚是刚性的，不能适应土体的变形，荷载过大就会使碾滚的接触应力超过土体极限强度，这就限制了这类碾朝重型方向发展。气胎碾却不然，随着荷载的增加，气胎与土体的接触面增大，接触应力仍不致超过土体的极限强度。所以只要牵引力能满足要求，就不会妨碍气胎碾朝重型高效方向发展。

4.夯板及其压实方法

夯板可以吊装在去掉铲斗的挖掘机的臂杆上，借助卷扬机操纵绳索系统使夯板上升；夯击土料时将绳索放松，使夯板自由下落，夯实土料。夯板压实铺土厚度可达 1 m，生产效率较高。对于大颗粒填料可用夯板夯实，其破碎率比用碾压机械压实大得多。为了提高夯实效果，适应土料特性，在夯击黏性土料或略受冰冻的土料时，还可将夯板装上羊脚，制成羊脚夯。

在工作时，机身在压实地段中部后退移动，随夯板臂杆的回转，土料被夯实的夯迹呈扇形。为避免漏夯，夯迹与夯迹之间要套夯，重叠宽度一般为 10～15 cm，夯迹排与排之间也要搭接相同的宽度。为充分发挥夯板的工作效率，避免前后排套夯过多，夯板的工作转角以不大于 80°～90°为宜。

（二）压实机械的选择

在选择压实机械时，主要考虑以下几个因素：

第一，选可取得的机械类型。

第二，能够满足设计压实标准。

第三，与压实土料的物理力学性质相适应。

第四，满足施工强度要求。

第五，机械类型、规格与工作面的大小、压实部位相适应。

第六，施工队伍现有的装备和施工经验等。

根据国产碾压设备情况，宜用 50 t 气胎碾碾压黏性土、砾质土，压实含水量略高于最优含水量（或塑限）的土料；用 9.0～16.4 t 的双联羊脚碾压实黏性土，重型羊脚碾宜用于压实含水量低于最优含水量的重黏性土；对于含水量较高、压实标准较低的轻黏性土也可用肋型碾和平碾压实；13.5 t 的振动碾可压实堆石与含有大于 500 mm 特大粒径的砂卵石；用直径 110 cm 重 2.5 t 的夯板夯实沙砾料和狭窄场面的填土；对与刚性建筑物、岸坡等的接触带，边角、拐角等部位可用轻便夯夯实，例如采用 HW-01 型蛙式夯。

第六节 堤防及护岸工程施工

堤防工程包括土石料场选择与土石料挖运、堤基处理、堤身施工、防渗工程施工、防护工程施工、堤防加固与扩建等内容。

护岸工程是指直接或间接保护河岸，并保持适当整治线的任何一种结构，它包括用混凝土、块石或其他材料做成的直接（连续性的）护岸工程，也包括用丁坝等建筑物来改变和调整河槽的间接（非连续性的）护岸工程。

一、堤身填筑

堤防施工的主要内容包括土料选择与土场布置、施工放样与堤基清理、铺土压实与竣工验收等。

（一）土料选择

土料的选择，一方面要满足防渗要求；另一方面应就地取材，因地制宜。

开工前，应根据设计要求、土质、天然含水量、运距及开采条件等因素选择取料区。

均质土堤宜选用中壤土、亚黏土等；铺盖、心墙、斜墙等防渗体宜选用黏性较大的土；堤后盖重宜选用砂性土。

淤泥土、杂质土、冻土块、膨胀土、分散性黏土等特殊土料，一般不宜用于填筑堤身。

（二）土料开采

1.地表清理

土料场地表清理包括清除表层杂质和耕作土、植物根系及表层稀软淤土。

2.排水

土料场排水应采取“截排结合，以截为主”的措施。对于地表水应在采料高程以上修筑截水沟加以拦截。对于流入开采范围的地表水应挖纵横排水沟迅速排除。在开挖过程中，应保持地下水位在开挖面 0.5 m 以下。

3.常用挖运设备

堤防施工是挖、装、运、填的综合作业。开挖与运输是施工的关键工序，是保证工期和降低施工费用的主要环节。堤防施工中常用的挖运设备按其功能可分为挖装、运输和碾压三类，主要设备有挖掘机、铲运机、推土机、碾压设备和自卸汽车等。

4.开采方式

土料开采主要有立面开采和平面开采两种方式，它们的施工特点及适用条件如表 3-12 所示。

表 3-12　土料开采方式比较

开采条件	立面开采	平面开采
料场条件	土层较厚（大于 5 m），土料成层分布不均	地形平坦，面积较大，适应薄层开挖
含水率	损失小，适用于接近或略小于施工控制含水率的土料	损失大，适用于稍大于施工控制含水率的土料
冬季施工	土温散失小	土温易散失，不宜在负气温下施工
雨季施工	不利影响较小	不利影响较大

续表

开采条件	立面开采	平面开采
适用机械	正铲挖掘机、装载机	推土机、铲运机、反向挖掘机
层状土料情况	层状土料允许掺混	层状土料有需剔除的不合格料层

无论采用何种开采方式，均应在料场对土料进行质量控制，检查土料性质及含水率是否符合设计规定，不符合规定的土料不得上堤。

（三）填筑技术要求

1.堤基清理

在筑堤工作开始前，必须按设计要求对堤基进行清理。

堤基清理范围包括堤身、铺盖和压载的基面。堤基清理边线应比设计基面边线宽出 30～50 cm，老堤基加高培厚，其清理范围包括堤顶和堤坡。

在堤基清理时，应将堤基范围内的淤泥、腐殖土、泥炭、不合格土及杂草、树根等清除干净。

堤基内的井窖、树坑、坑塘等应按堤身要求进行分层回填处理。

在堤基清理后，应在第一层铺填前进行平整压实，且压实后土体的干密度应符合设计要求。

堤基在冻结后，不应有明显冻夹层，也不应有冻胀或浸水现象。

2.填筑作业的一般要求

当地面起伏不平时，应按水平分层由低处开始逐层填筑，不得顺坡铺填；若堤防横断面上的地面坡度陡于 1∶5，则应削至缓于 1∶5。

分段作业面长度、机械施工工段长不应小于 100 m，人工施工工段长可适当减短。

作业面应分层统一铺土、统一碾压，并进行平整；界面处要相互搭接，严禁出现界沟。

在软土堤基上筑堤时，如堤身两侧设有压载平台，则应按设计断面同步分层填筑。

相邻施工段的作业面宜均衡上升，若段与段之间不可避免地出现高差，则应以斜坡面相接，并按堤身接缝施工要点的要求作业。

已铺土料表面在压实前被晒干时，应洒水湿润。

光面碾压的黏性土填筑层在新层铺料前，应做刨毛处理。

若发现局部“弹簧土”、层间光面、层间中空、松土层等质量问题，则应及时进行处理，经检验合格后，方可铺填新土。

在软土地基上筑堤，或用较高含水量土料填筑堤身时，应严格控制施工速度，必要时应在地基、坡面设置沉降和位移观测点，根据观测资料分析结果，指导安全施工。

在堤身全断面填筑完毕后，应做整坡压实及削坡处理，并对堤防两侧护堤地面的坑洼进行铺填平整。

3.铺料作业的要求

在铺料前，应将已压实层的压光面层刨毛，含水量应适宜，当过干时要洒水湿润。

铺料要求均匀、平整，每层铺料的厚度和土块直径的限制尺寸应通过碾压试验确定。在缺乏试验资料时，可按表3-13中的厚度控制（但应通过压实效果验证）。

表3-13　不同碾压机具土料块径和铺土厚度控制参考表

压实机具类型	碾压机具	土块限制块径/cm	每层铺土厚度/cm
轻型	人工夯、机械夯	≤5	15～20
	5～10 t平碾或凸块碾	≤8	20～25
中型	12～15 t平碾或凸块碾、5～8 t振动碾、2.5 m^3铲运机	≤10	25～30
重型	加载气胎碾、10～16 t振动碾、大于7 m铲运机	≤15	30～35

严禁将砂（砾）料或其他透水料与黏性土料混杂，上堤土料中的杂质应当清除。

土料或砾质土可采用进占法或后退法卸料，沙砾料宜用后退法卸料；在沙砾料或砾质土卸料时，如发生颗粒分离现象，应将其拌和均匀。沙砾料分层铺填的厚度不宜超过 30～35 cm，若用重型振动碾，可适当加厚，但不宜超过 60～80 cm。

在铺料至堤边时，应在设计边线外侧各超填一定余量，人工铺料宜为 10 cm，机械铺料宜为 30 cm。

土料铺填与压实工序应连续进行，以免土料含水量变化过大影响填筑质量。

4.压实作业的要求

在施工前，应先做碾压试验，确定碾压参数，以保证碾压质量能达到设计干密度值。

在碾压时，必须严格控制土料含水率。土料含水率应控制在最优含水率±3%范围内。

当分段填筑时，各段应设立标志，以防漏压、欠压和过压。上下层的分段接缝位置应错开。

当分段、分片碾压时，相邻作业面的搭接碾压宽度，在平行堤轴线方向不应小于 0.5 m，在垂直堤轴线方向不应小于 3 m。

在沙砾料压实时，洒水量宜为填筑方量的 20%～40%；中细砂压实的洒水量，应按最优含水率控制。

二、护岸护坡

护岸工程一般是布设在受水流冲刷严重的险工险段，其长度一般从开始塌岸处至塌岸终止点，并加一定的安全长度。通常堤防护岸工程包括水上护坡和水下护脚两部分。水上与水下之分均是对于枯水施工期而言。护岸工程的原则是先护脚后护坡。

堤岸防护工程一般可分为坡式护岸（平顺护岸）、坝式护岸、墙式护岸等。

（一）坡式护岸

坡式护岸即在岸坡及坡脚一定范围内覆盖抗冲材料的护岸。这种护岸形式对河床边界条件的改变和对近岸水流条件的影响均较小，是一种较常采用的护岸形式。

1.护脚工程

下层护脚为护岸工程的根基，其稳固与否，决定着护岸工程的成败。在工程实践中人们所强调的“护脚为先”就是对其重要性的经验总结。护脚工程及其建筑材料要求：能抵御水流的冲刷及推移质的磨损；具有较好的整体性并能适应河床的变形；较好的水下防腐朽性能；便于水下施工并易于补充修复。常用的护脚形式有抛石护脚、抛石笼护脚、沉排护脚等。

（1）抛石护脚

抛石护脚是坡式护岸下部固基的主要方法。抛石护脚的施工技术特性如表3-14所示。

表 3-14　抛石护脚施工技术特性

技术要点	技术条件	技术要求
抛石粒径	岸坡坡度为1∶2，水深超过20 m； 岸坡缓于1∶3，流速不大	粒径为20～45 cm； 粒径为15～33 cm
抛石厚度	抛石厚度应不小于抛石块径的2倍； 水深流急时宜为3～4倍	一般堤段为60～100 cm； 重要堤段为80～100 cm
抛石坡度	枯水位以下	抛石坡度为1∶（1.5～1.4）

抛石护脚宜在枯水期组织施工，且要严格按施工程序进行，设计好抛石船位置，抛投由上游往下游，由远而近，先点后线，先深后浅，循序渐进，自下而上分层均匀抛投。

（2）抛石笼护脚

当现场石块尺寸较小，抛投后可能被水冲走时，可采用抛石笼的方法，提前准备好铅丝网、钢筋网等，在现场充填石料后抛投入水。石笼护脚多用于流速大于 5.0 m/s、岸坡较陡的岸段。石笼体积可达 1.0～2.5 m^3，具体大小由现场抛投手段和能力而定。在抛投完成后，要进行一次全面的水下探测，将笼与笼接头不严处用大块石抛填补齐。

其中，铅丝石笼的主要优点如下：可以充分利用较小粒径的石料；具有较大体积与质量；整体性和柔韧性均较好，当用于护岸时，可适应坡度较陡的河岸。

（3）沉排护脚

沉排又叫柴排，它是一种用梢料制成大面积的排状物，用块石压沉于近岸河床之上，以保护河床、岸坡免受水流淘刷的一种工程措施。

沉排是靠石块压沉的，石块的大小和数量应通过计算大致确定。

沉排护脚的主要优点如下：整体性和柔韧性强，能适应河床变形；坚固耐用，具有较长的使用寿命，一般可用 10～30 年。

沉排护脚的缺点主要有：成本高，用料多；制作技术和沉放要求较高，一旦散排上浮，器材损失严重。当采用沉排护脚时，要及时抛石维护，以防止因排脚局部淘刷而造成沉排折断破坏。

（4）沉枕护脚

抛沉柳石枕是沉枕护脚最常用的一种工程形式。柳石枕的制作方法：先用柳枝、芦苇、秸料等扎成直径 15 cm、长 5～10 m 左右的梢把（又称梢龙），每隔 0.5 m 紧扎篾子一道（或用 16 号铅丝捆扎）；然后将其铺在枕架上，上面堆置块石，石块上再放梢把；最后用 14 号或 12 号铅丝捆紧成枕。枕体两端应装较大石块，并捆成布袋口形，以免枕石外漏。有时为了控制枕体的沉放位置，在制作时加穿心绳（由三股 8 号铅丝绞成）。

沉枕一般设计成单层，若应用于个别局部陡坡险段，也可根据实际需要设计成双层或三层。

沉枕上端应在常年枯水位下 0.5 m，以防最枯水位时沉枕外露而腐烂，其上还应加抛接坡石。沉枕外脚，有可能是因为河床刷深而枕体下滚或悬空折断，因此要加抛压脚石。为稳定枕体，延长其使用寿命，最好在其上部加抛压枕石，一般压枕石平均厚 0.5 m。

沉枕护脚的主要优点是能使水下掩护层联结成密实体；又因具有一定的柔韧性，入水后可以紧贴河床，起到较好的防冲作用；同时也容易滞沙落淤，稳定性能较好。沉枕护脚在中国黄河干流、支流治河工程中被广泛采用。

2.护坡工程

护坡工程除受水流冲刷作用外，还要承受波浪的冲击及地下水外渗的侵蚀。另外，因护坡工程常处于河道水位变动区，时干时湿，这就要求其建筑材料坚硬、密实、能长期耐风化。

目前，常见的护坡工程结构形式有干砌石护坡、浆砌石护坡、混凝土护坡、模袋混凝土护坡等。

（1）干砌石护坡

坡面较缓 1∶（2.5～3.0）、受水流冲刷较轻的坡面，可采用单层干砌块石护坡或双层干砌块石护坡。

当坡面有涌水现象时，应在护坡层下铺设 15 cm 以上厚度的碎石、粗砂或沙砾作为反滤层，封顶用平整块石砌护。

干砌石护坡的坡度，根据土体的结构性质而定，土质坚实的砌石坡度可陡些，反之则应缓些。一般坡度为 1∶（2.5～3.0），个别可为 1∶2.0。

（2）浆砌石护坡

坡度为 1∶（1～2），或坡面位于沟岸、河岸，下部可能遭受水流冲刷，且洪水冲击力强的防护地段，宜采用浆砌石护坡。

浆砌石护坡由面层和起反滤层作用的垫层组成。面层的铺砌厚度为 25～35 cm。垫层又分为单层和双层两种，单层厚 5～15 cm，双层厚 20～25 cm。原坡面如为砂、砾、卵石，可不设垫层。

对于长度较大的浆砌石护坡，应沿纵向每隔 10～15 m 设置一道宽约 2 cm 的伸缩缝，并用沥青或木条填塞。

（3）混凝土护坡

在边坡坡脚可能遭受强烈洪水冲刷的陡坡段，宜采取混凝土（或钢筋混凝土）护坡，必要时还需加锚固定。

现浇混凝土护坡的施工工序为测量、放线、修整夯实边坡、开挖齿坎、滤水垫层、立模、混凝土浇筑、养护等，并应注意预留排水孔。

预制混凝土块护坡的施工工序为预制混凝土块、测量放线、整平夯实边坡、开挖齿坎、铺设垫层、混凝土砌筑、勾缝养护。

（4）模袋混凝土护坡

模袋混凝土护坡的施工工序如下：

第一，清整浇筑场地。清除坡面杂物，平整浇筑面。

第二，模袋铺设。在开挖模袋埋固沟后，将模袋从坡上往坡下铺放。

第三，充填模袋。利用灌料泵自下而上，按左、右、中灌入孔的次序充填。充填约 1 h 后，清除模袋表面漏浆，设渗水孔管，回填埋固沟，并按规定要求养护。

（二）坝式护岸

坝式护岸是指修建丁坝、顺坝，将水流引离堤岸，以防止水流、波浪或潮汐对堤岸边坡的冲刷。这种形式的护岸多用于游荡性河流。

坝式护岸分为丁坝护岸、顺坝护岸、丁顺坝护岸、潜坝护岸等四种形式，它们的坝体结构基本相同。

丁坝是一种间断性的有重点的护岸形式，具有调整水流的作用。在河床宽阔、水浅流缓的河段，常采用这种护岸形式。

丁坝坝头底脚常有垂直旋涡发生，以致冲刷为深塘，故在坝前应予以保护或将坝头构筑坚固，丁坝坝根须埋入堤岸内。

（三）墙式护岸

墙式护岸是指顺堤岸修筑竖直陡坡式挡墙。这种形式的护岸多用于城区河流或海岸防护。

在河道狭窄、堤外无滩且易受水冲刷、受地形条件或已建建筑物限制的重要堤段，常采用墙式护岸。

墙式护岸（防洪墙）分为重力式挡土墙、扶壁式挡土墙、悬臂式挡土墙等形式。墙式护岸一般临水侧采用直立式，在满足稳定要求的前提下，断面应尽量减小，以减少工程量和占地。墙体材料可采用钢筋混凝土、混凝土和浆砌石等。墙基应嵌入堤岸护脚一定深度，以满足墙体和堤岸整体抗滑稳定及抗冲刷的要求。如冲刷深度大，还需采取抛石等护脚固基措施，以减少基础埋深。

第四章　混凝土工程施工

混凝土是由水泥、石灰、石膏等无机胶结料与水或沥青、树脂等有机胶结料的胶状物以及粗细骨料，必要时掺入矿物质混合材料和外加剂，按适当比例配合，经过均匀搅拌，密实成型，并在一定温湿度条件下养护硬化而成的一种复合材料。

随着工程界对混凝土的特性提出了更多和更高的要求，混凝土的种类更加多样，如高强度高性能混凝土、流态自密实混凝土、泵送混凝土和干贫碾压混凝土等。随着科学技术的进步，混凝土的施工方法和工艺也在不断改进，薄层碾压浇筑、预制装配、喷锚支护等工艺相继出现。在水利工程中，混凝土的应用非常广泛，而且用量特别巨大。混凝土工程的施工环节主要包括：①钢筋和模板的加工制作、运输与架设；②砂石料的开采、加工、储存和运输；③混凝土的制备、运输、浇筑和养护。

第一节　钢筋工程施工

一、钢筋的种类、规格及性能

（一）钢筋的种类和规格

钢筋种类繁多，按照不同的方法分类如下：

按照钢筋外形可分为光面钢筋（圆钢）、变形钢筋（螺纹、人字纹、月牙肋）、钢丝和钢绞线。

按照钢筋的化学成分可分为碳素钢（常用低碳钢）和合金钢（低合金钢）。

按照钢筋的强度可分为Ⅰ级钢筋、Ⅱ级钢筋、Ⅲ级钢筋和Ⅳ级钢筋。

按照钢筋的作用可分为受力钢筋（受拉、受压、弯起钢筋）和构造钢筋（分布筋、箍筋、架立筋、腰筋及拉筋）。

（二）钢筋的性能

水利工程钢筋混凝土常用的钢筋为热轧Ⅰ级、Ⅱ级、Ⅲ级等钢筋。热轧钢筋的机械性能如表4-1所示。

表4-1　热轧钢筋的机械性能

品种		牌号	公称直径/mm	屈服点/MPa	抗拉强度/MPa	伸长率/%	弯曲角度/°
外形	强度等级		不小于				
光圆钢筋	Ⅰ	HRB235（Q235）	8～20	235	370	25	180
变形钢筋	Ⅱ	HRB335	8～40	335	490	16	180

续表

<table>
<tr><th colspan="2">品种</th><th rowspan="2">牌号</th><th>公称直径/mm</th><th>屈服点/MPa</th><th>抗拉强度/MPa</th><th>伸长率/%</th><th rowspan="2">弯曲角度/°</th></tr>
<tr><th>外形</th><th>强度等级</th><th colspan="4">不小于</th></tr>
<tr><td rowspan="2">变形钢筋</td><td>Ⅲ</td><td>HRB400</td><td>8～40</td><td>400</td><td>570</td><td>14</td><td>90</td></tr>
<tr><td>Ⅳ</td><td>HRB500</td><td>10～32</td><td>500</td><td>630</td><td>12</td><td>90</td></tr>
</table>

二、钢筋的加工

工厂生产的钢筋应有出厂证明和试验报告单。钢筋在运至工地后应根据不同等级、钢号、规格及生产厂家分批分类堆放，不得混淆，且应立牌以方便识别。钢筋在使用前，应按施工规范要求做拉力和冷弯试验，需要焊接的钢筋应做好焊接工艺试验。

钢筋的加工包括调直、去锈、切断、弯曲成型和连接等工序。

（一）钢筋调直、去锈

钢筋就其直径而言可分为两大类。直径小于等于 12 mm 卷成盘条的叫轻筋，大于 12 mm 呈棒状的叫重筋。调直直径 12 mm 以下的钢筋，主要采用卷扬机拉直或用调直机调直。对钢筋进行强力拉伸，称为钢筋的冷拉。用冷拉法调直钢筋，其矫直冷拉率不得大于 1%（Ⅰ级钢筋不得大于 2%）。钢筋在调直机上调直后，其表面伤痕不得使钢筋截面面积减小 5%以上。对于直径大于 30 mm 的钢筋，可用弯筋机进行调直。

钢筋表面的鳞锈，会影响钢筋与混凝土的黏结，可用锤敲或用钢丝刷清除。

对于一般浮锈，可不必清除。

（二）钢筋切断

切断钢筋可用钢筋切断机完成。对于直径22～40 mm的钢筋，一般采用单根切断；对于直径在22 mm以下的钢筋，则可一次切断数根；对于直径大于40 mm的钢筋，要用氧气切割或电弧切割。

（三）钢筋连接

钢筋连接常用的方法有焊接、机械连接和绑扎连接。

1.钢筋焊接

钢筋的焊接质量与钢材的可焊性、焊接工艺有关。钢筋焊接分为压焊和熔焊两种形式。压焊有闪光对焊、电阻点焊等方式，熔焊有电弧焊、电渣压力焊等方式。

（1）闪光对焊

钢筋闪光对焊，具有生产效率高、操作方便、节约钢材、焊接质量高、接头受力性能好等诸多优点，适用于直径 10～40 mm 的Ⅰ～Ⅲ级热轧钢筋和直径10～25 mm的Ⅳ级热轧钢筋的焊接。

钢筋闪光对焊过程：首先，将钢筋夹入对焊机的两电极中，闭合电源。然后，使钢筋两端面轻微接触，这时即有电流通过。由于接触轻微，钢筋端面不平，接触面很小，故电流密度和接触电阻很大，因此接触点很快熔化，形成“金属过梁”。过梁进一步加热，产生金属蒸气飞溅，形成闪光，故称闪光对焊。最后，当温度升高到要求温度后，便快速将钢筋挤压（称顶锻），然后断电，即形成焊接接头。

（2）电弧焊

电弧焊是利用电弧焊机使焊条与焊件之间产生高温电弧，使焊条和电弧燃烧范围内的焊件金属熔化，熔化的金属凝固后，便形成焊缝或焊接接头。电弧焊应用范围广，如钢筋的接长、钢筋骨架的焊接、钢筋与钢板的焊接、装配式结构接头的焊接及其他各种钢结构的焊接等。

钢筋电弧焊有搭接焊、帮条焊和坡口焊三种接头形式。

搭接焊接头，适用于焊接直径为 10～40 mm 的Ⅰ～Ⅲ级钢筋。钢筋搭接焊宜采用双面焊，当不能进行双面焊时，可采用单面焊。在焊接前，钢筋宜预弯，以保证两钢筋的轴线在一直线上，使接头受力性能良好。

帮条焊接头，适用于焊接直径为 10～40 mm 的Ⅰ～Ⅲ级钢筋。钢筋帮条焊宜采用双面焊，当不能进行双面焊时，也可采用单面焊。帮条宜采用与主筋同级别或同直径的钢筋制作。如帮条级别与主筋相同，帮条直径可以比主筋直径小一个规格；如帮条直径与主筋相同，帮条钢筋级别可比主筋低一个级别。

钢筋搭接焊接头或帮条焊接头的焊缝厚度应不小于 0.3 倍主筋直径，焊缝宽度不应小于 0.7 倍主筋直径。

坡口焊接头比上述两种接头形式节约钢材，适用于现场焊接装配现浇式构件接头中直径为 18～40 mm 的Ⅰ～Ⅲ级钢筋。坡口焊按焊接位置不同可分为平焊与立焊。

（3）电渣压力焊

电渣压力焊用于现浇混凝土结构中竖向或斜向（倾斜度在 1∶0.5 范围内）、直径为 14～40 mm 的Ⅰ、Ⅱ级钢筋的连接，不得用于梁、板等构件中水平钢筋的连接。电渣压力焊有自动与手工之分。与电弧焊比较，电渣压力焊的工效高、成本低。

电渣压力焊的原理是利用电流通过渣池产生的电阻热将钢筋端部熔化，然后施加压力使钢筋焊接在一起。

在施焊时，先将钢筋端部约 100 mm 范围内的铁锈杂质除净，将固定夹具夹牢在下部钢筋上，并将上部钢筋扶直对中夹牢于活动夹具中；再装上药盒并装满焊药，接通电源，用手柄使电弧引弧；稳定一定时间，使之形成渣池并使钢筋熔化（稳弧）；当熔化量达到一定数量时断电并用力迅速顶锻，以排除夹渣和气泡，形成接头，使之饱满、均匀、无裂纹。

（4）电阻点焊

钢筋骨架和钢筋网中交叉钢筋的焊接宜采用电阻点焊。电阻点焊适用于直径为 6～14 mm 的热轧Ⅰ、Ⅱ级钢筋，直径 3～5 mm 的冷拔低碳钢丝和直径 4～12 m 的冷轧带肋钢筋。电阻点焊所用的点焊机有单点点焊机（用以焊接较粗的钢筋）、多点点焊机（一次焊数点，用以焊钢筋网）和悬挂式点焊机（可焊平面尺寸大的骨架或钢筋网），现场还可采用手提式点焊机。

在点焊时，将已除锈污的钢筋交叉放入点焊机的两电极间，使钢筋通电发热至一定温度后，加压使焊点金属焊牢。

采用点焊代替绑扎，可提高工效，节约劳动力，成品刚性好。

2.钢筋机械连接

钢筋机械连接是通过连接件的机械咬合作用和钢筋端面的承压作用，将一根钢筋中的力传递至另一根钢筋的连接方法。该法在确保钢筋接头质量、改善施工环境、提高工作效率、保证工程进度方面具有明显优势。三峡工程永久船闸输水系统所用钢筋就是采用机械连接技术。常用的钢筋机械连接类型有套筒挤压连接、锥螺纹连接等。

（1）带肋钢筋套筒挤压连接

带肋钢筋套筒挤压连接是将需要连接的带肋钢筋插于特制的钢套筒内，然后利用挤压机压缩套筒，使之产生塑性变形，靠变形后的钢套筒与带肋钢筋之间的紧密咬合来实现钢筋的连接。它适用于直径为 16～40 mm 的Ⅱ、Ⅲ级带肋钢筋的连接。

钢筋套筒挤压连接有钢筋径向挤压连接和钢筋轴向挤压连接之分。

带肋钢筋套筒径向挤压连接，是采用挤压机沿径向（即与套筒轴线垂直的方向）将钢筋筒挤压产生塑性变形，使之紧密咬住带肋钢筋的横肋，实现两根钢筋的连接。当不同直径的带肋钢筋采用挤压接头连接时，若套筒两端外径和壁厚相同，被连接钢筋的直径相差不应大于 5 mm。

带肋钢筋套筒轴向挤压连接，是采用挤压机和压模对钢套筒及插入的两根对接钢筋沿其轴向方向进行挤压，使套筒咬合到带肋钢筋的肋间，使其结合成一体。

（2）钢筋锥螺纹连接

钢筋锥螺纹接头是把钢筋的连接端加工成锥形螺纹（简称丝头），通过锥螺纹连接套把两根带丝头的钢筋，按规定的力矩值连接成一体的钢筋接头。这种方式适用于直径为16～40 mm的Ⅱ、Ⅲ级钢筋的连接。

钢筋机械连接全靠机械力保证，无明火作业，施工速度快，可连接多种钢筋，而且对接后施工的钢筋混凝土可不预留锚固筋，是一种很有发展前途的钢筋连接方法。

（四）铜筋弯曲成型

钢筋弯曲成型的方法分手工和机械两种。手工弯筋，可采用板柱铁板的扳手，弯制直径25 mm以下的钢筋。对于大弧度环形钢筋的弯制，则应在方木拼成的工作台上进行。在弯制时，先在台面上画出标准弧线，并在弧线内侧钉上内排扒钉（其间距较密，曲率可适当加大，应考虑钢筋弯曲后的回弹变形）。然后在弧线外侧的一端钉上 1～2 只扒钉，再将钢筋的一端夹在内、外扒钉之间。另一端用绳索试拉，经往返回弹数次，直到钢筋与标准弧线吻合，即为合格。

大量的弯筋工作，除大弧度环形钢筋外，宜采用弯筋机弯制，以提高工效和质量。常用的弯筋机，可弯制直径为6～40 mm的钢筋。弯筋机上的几个插孔，可根据弯筋需要进行选择，并插入插棍。

（五）钢筋的冷加工处理

经冷加工处理后的钢筋，强度能得到较大提高，这样可以达到节约钢材用量的目的。钢筋冷加工是指在常温下对钢筋施加一个大于屈服点强度而小于极限强度的外力使钢筋产生变形。当外力去除后，钢筋因改变了内部晶体结构的排列产生永久变形；再经过一段时间之后，钢筋的强度会得到较大的提高。

钢筋冷加工的方法有三种：冷拉、冷拔和冷轧。

1.冷拉

钢筋的冷拉需要在冷拉机械上进行。除了盘条状钢筋需要进行冷拉调直，有时为了提高钢筋的屈服强度需要专门进行冷拉。直径在 12 mm 以下的盘条钢筋，若冷拉后钢筋长度增加 4%～6%，则可节约钢筋约 20%。

钢筋的冷拉控制有单控和双控两种：单控只需要控制钢筋的伸长率；双控不仅要控制钢筋的伸长率，同时还要控制冷拉应力。如钢筋已达到控制应力而冷拉率未超过允许值，则认为合格；如钢筋已达到允许的冷拉率，而冷拉应力还小于控制值，则该批钢筋应降低强度使用。

钢筋冷拉卸荷后，在内应力的作用下其晶体组织自行调整的过程叫时效。在时效后，钢筋的屈服强度会进一步提高。时效分自然时效和人工时效两种。将冷拉后的Ⅰ、Ⅱ级钢筋在常温下放置 15～20 h 即可完成自然时效；而将冷拉后的Ⅰ、Ⅱ级钢筋放在 100 ℃的温度下经 2 h 就可完成人工时效。但是Ⅲ、Ⅳ级钢筋不能完成自然时效，一般通过通电加热至 150～300 ℃，保持 20 min 便可完成人工时效。

2.冷拔

冷拔是指将直径小于 10 mm 的Ⅰ级光面钢筋在常温下用强力从冷拔机的钨合金拔丝模孔中以 0.4～4.0 m/s 的速度拔过。在冷拔后，因钢筋轴向被拉伸而径向被压缩，钢筋的抗拉强度可提高 50%～90%，硬度也有所提高，但塑性降低。钢筋冷拔工艺需经过轧头、剥壳（去除表面的氧化铁锈）和拔丝等过程。

经多次强力冷拔的钢筋，称为冷拔低碳钢丝。冷拔低碳钢丝的甲级品可用作预应力筋，乙级品可用于焊接骨架、焊接网片或用作构造筋等。冷拔钢丝的制作并非一次完成，经数次冷拔使钢筋截面逐步缩小，但每拔一次，冷拔前后钢筋直径的比值宜控制在 1.1～1.15 以内。

冷拔总压缩率 β 是由盘条筋拔至成品钢丝的横截面总缩减率，它是影响冷拔钢丝质量的主要因素之一。β 值越大，钢丝强度提高越多，但塑性降低也越多，故需严格控制。

冷拔钢丝的检查验收包括外观（裂纹、机械损伤）检查和机械性能（拉力、反复弯曲）试验。

3.冷轧

将盘条钢筋或直筋穿过冷轧机成对的有齿轧辊后，钢筋因受双向挤压作用而产生凹凸有致的变形。经冷轧的钢筋，屈服点强度可提高 350 MPa，但塑性降低，同时因增大了钢筋表面的展开面积而提高了钢筋与混凝土的握裹力。

三、钢筋的安装

钢筋的安装可采用散装和整装两种方式。散装是将加工成形的单根钢筋运到工作面，按设计图纸绑扎或电焊成型。散装对运输要求相对较低，不受设备条件限制，但工效低，高空作业安全性差，且质量不易保证。机械化程度较高的大中型工程，已逐步用整装代替散装。

整装是将加工成型的钢筋，在焊接车间用点焊焊接交叉节点，用对焊接长，形成钢筋网和钢筋骨架。整装件由运输机械成批运至现场，用起重机具吊运入仓就位，按图拼合成型。整装要求在运、吊过程中采取加固措施，合理布置支承点和吊点，以防过大的变形和破坏。

无论整装或散装，钢筋应避免油污，安装的位置、间距、保护层及各个部位的型号、规格均应符合设计要求。

四、钢筋的配料与代换

（一）钢筋的配料

在加工钢筋前，加工人员应根据图纸按不同构件先编制配料单，然后进行备料加工。

钢筋下料长度计算是配料计算中的关键。当钢筋弯曲时，其外壁伸长，内壁缩短，而中心线长度并不改变。但是设计图中注明的尺寸是根据外包尺寸计算的，且不包括端头弯钩长度。显然，外包尺寸大于中心线长度，它们之间存在一个差值，称为“量度差值”。因此，钢筋的下料长度应为：

钢筋下料长度＝外包尺寸＋端头弯钩长度－量度差值

1.半圆弯钩的增加长度

在实际配料时，半圆弯钩增加长度常根据具体条件采用经验数据，如表4-2所示。

表4-2　半圆弯钩增加长度参考

钢筋直径/mm	≤6	8～10	12～18	20～28	32～36
一个弯钩长度/mm	40	$6d$	$5.5d$	$5d$	$4.5d$

注：d为钢筋直径。

2.量度差值

常用弯曲角度的量度差值，可采用表4-3所列数值。

表4-3　钢筋弯曲量度差值

钢筋弯曲角度	30°	45°	60°	90°	135°
量度差值	$0.35d$	$0.5d$	$0.85d$	$2d$	$2.5d$

注：d为钢筋直径。

3.箍筋调整值

箍筋调整值为弯钩增加长度与弯曲量度差值两项的代数和，需根据箍筋外包尺寸或内包尺寸而定，如表4-4所示。

表4-4　箍筋调整值

箍筋度量方法	箍筋直径/mm			
	4～5	6	8	10～12
外包尺寸/mm	40	50	60	70
内包尺寸/mm	80	100	120	150～170

（二）钢筋的代换

如果在施工中供应的钢筋品种和规格与设计图纸要求不符，允许进行代换。但代换应征得设计单位同意，充分了解设计意图和代换钢材的性能，严格遵守规范的各项规定。

按不同的控制方法，钢筋代换有以下三种情况：

第一，当结构件是按强度控制时，可按强度等同原则代换，称等强代换。如设计图中所用钢筋强度为f_1，钢筋总面积为A_1；代换后钢筋强度为f_2，钢筋总面积为A_2，则应满足

$$f_2A_2 \geqslant f_1A_1 \tag{4-1}$$

第二，当结构件按最小配筋率控制时，可按钢筋面积相等的原则代换，称等面积代换，即应满足

$$A_2 = A_1 \tag{4-2}$$

第三，当结构件按裂缝宽度或挠度控制时，钢筋的代换需进行裂缝宽度或挠度验算。在代换后，还应满足构造方面的要求（如钢筋间距、最小直径、最少根数、锚固长度、对称性等）及设计中提出的特殊要求（如冲击韧性、抗腐蚀性等）。

第二节　模板工程施工

模板工程，即在混凝土施工中用于新浇混凝土成型的模型的制作、安装、使用与拆除工作。常用的模板材料有木材、塑料、钢材、铝合金以及混凝土（作为永久性模板）。模板工程量大，材料和劳动力消耗多。因此，正确选择模板材料，并合理组织施工，直接关系到结构物的工程质量和造价。

模板包括接触混凝土并控制其尺寸、形状、位置的构造部分，以及支持和固定它的杆件、衔架、联结件等支承体系。模板的主要作用是对新浇的塑性混凝土起成型和支撑作用，同时还具有保护和改善混凝土表面质量的作用。模板及其支承系统必须满足下列要求：

第一，保证工程结构和构件各部分形状尺寸和相互位置的正确。

第二，具有足够的承载能力、刚度和稳定性，以保证施工安全。

第三，构造简单，装拆方便，能多次周转使用。

第四，模板的接缝应严密，不漏浆。

第五，模板与混凝土的接触面应涂隔离剂以便于脱模。

一、模板的基本类型

按制作材料不同，模板可分为木模板、钢模板、混凝土及钢筋混凝土预制模板等。

按形状不同，模板可分为平面模板和曲面模板。

按受力条件不同，模板可分为承重模板和侧面模板。其中，按支撑受力方式，侧面模板又分为简支模板、悬臂模板和半悬臂模板。

按架立和工作特征不同，模板可分为固定式模板、拆移式模板、移动式模板和滑动式模板。固定式模板多用于起伏的基础部位或特殊的异形结构，如蜗壳或扭曲面，因其大小不等、形状各异，难以重复使用。拆移式模板、移动式模板和滑动式模板可重复或连续在形状一致或变化不大的结构上使用，有利于实现标准化和系列化生产，因此在现代水利工程中常使用这三类模板。

（一）拆移式模板

拆移式模板适应于浇筑块表面为平面的情况，可做成定型的标准模板，其标准尺寸，大型的为 100 cm×（325～525）cm，小型的为（75～100）cm×150 cm。

前者适用于 3～5 m 高的浇筑块，需小型机具吊装；后者用于薄层浇筑，可人力搬运。

平面木模板由面板、加劲肋（板样肋）和支架三个基本部分组成。加劲肋把面板联结起来，并用支架安装在混凝土浇筑块上。

架立模板的支架，常用围囹和桁架梁。桁架梁多用方木和钢筋制作，在立模时，将桁架梁下端插入预埋在下层混凝土块内的 U 形埋件中。当浇筑块薄时，上端用钢拉条对拉；当浇筑块大时，则采用斜拉条固定，以防模板变形。钢筋拉条直径大于 8 mm，间距为 1～2 m，斜拉角度为 30°～45°。

悬臂钢模板由面板、支承柱和预埋联结件组成。面板采用定型组合钢模板拼装或直接用钢板焊制。支承模板的立柱有型钢梁和钢桁架两种，视浇筑块高度而定。预埋在下层混凝土内的联结件有螺栓式和插座式（U 形铁件）两种。

当采用悬臂钢模板时，由于仓内无拉条，模板整体拼装为大体积混凝土机械化施工创造了有利条件。此外，悬臂钢模板本身的安装比较简单，重复使用次数多（可达 100 多次），但模板重量大（每块模板重 0.5～2 t），需要起重机配合吊装。由于悬臂钢模板顶部容易易位，故浇筑高度受到限制，一般为 1.5～2 m。即使用钢桁架作支承柱，高度也不宜超过 3 m。

此外，还有一种半悬臂模板，常用高度有 3.2 m 和 2.2 m 两种。半悬臂模板结构简单，装拆方便，但支承柱下端固结程度不如悬臂模板，故仓内需要设置短拉条，对仓内作业有影响。

一般标准大模板的重复利用次数（即周转率）为 5～10 次，而钢木混合模板的周转率为 30～50 次，木材消耗减少 90%以上。由于是大块组装和拆卸，故劳动力、材料和费用大为降低。

（二）移动式模板

移动式模板是指对于定型的建筑物，根据建筑物外形轮廓特征，做一段定型模板，在模板支承钢架上装上行驶轮，使其可沿建筑物长度方向铺设轨道分段移动，便于分段浇筑混凝土。在移动时，只需将顶推模板的花篮螺丝或千斤顶收缩，使模板与混凝土面脱开，模板即可随同钢架移动到拟浇混凝土的部位，再用花篮螺丝或千斤顶调整模板至设计浇筑尺寸。移动式模板多用钢模板，作为浇筑混凝土墙和隧洞混凝土的衬砌使用。

（三）滑动式模板

滑动式模板是在混凝土浇筑过程中，随浇筑而滑移（滑升、拉升或水平滑移）的模板，简称“滑模”，且以竖向滑升的滑动式模板应用最广。

滑模是先在地面上按照建筑物的平面轮廓组装一套 1.0～1.2 m 高的模板，随着浇筑层的不断上升而逐渐滑升，直至完成整个建筑物计划高度内的浇筑。

滑模施工可以节约模板和支撑材料，加快施工进度，保证结构的整体性，提高混凝土表面质量，降低工程造价。滑模施工的缺点是滑模系统一次性投资大，耗钢量大，且保温条件差，不宜在低温季节使用。

滑模施工最适于断面形状尺寸沿高度基本不变的高耸建筑物，如竖井、沉井、墩墙、烟囱、水塔、筒仓、框架结构等的现场浇筑；也可用于大坝溢流面、双曲线冷却塔及水平长条形规则结构、构件的施工。

滑动模板由模板系统、操作平台系统和液压支承系统三部分组成。

模板系统包括模板、围圈和提升架等。模板多用钢模板或钢木混合模板，其高度取决于滑升速度和混凝土达到出模强度（0.05～0.25 MPa）所需的时间，一般高 1.0～1.2 m。为减小滑升时与混凝土间的摩擦力，应将模板自下而上稍向内倾斜，做成单面为 0.2%～0.5%模板高度的正锥度。围圈用于支撑和固定模板，上下各布置一道，它承受由模板传来的水平侧压力和由滑升摩阻力、模板与圈梁自重、操作平台自重及其上的施工荷载产生的竖向力，多用角钢或槽钢制成。如果围圈所受的水平力和竖向力很大，也可做成平面桁架或空间桁架，以防止模板和操作平台出现超标准的变形。提升架的作用是固定围圈，把模板系统和操作平台系统连成整体，承受整个模板和操作平台系统的全部荷载，并将竖向荷载传递给液压千斤顶。提升架一般用槽钢做成由双柱和双梁组成的“开”形架，立柱有时也采用方木制作。

操作平台系统包括操作平台和内外吊脚手，可承放液压控制台，临时堆存钢筋或混凝土，以及作为修饰刚刚出模的混凝土面的施工操作场所，一般为木结构或钢木混合结构。

液压支承系统包括支承杆、穿心式液压千斤顶、油路系统和液压控制台等，是使模板向上滑升的动力和支承装置。

1.支承杆

支承杆又称爬杆，它既是液压千斤顶爬升的轨道，又是滑模装置的承重支柱，承受施工过程中的全部荷载。

支承杆的规格与直径要与选用的千斤顶相适应，如目前普遍使用的额定起重量为30 kN的滚珠式卡具千斤顶，其支承杆一般采用ϕ25 mm的Q235圆钢。支承杆应调直、除锈，当Ⅰ级圆钢采用冷拉调直时，冷拉率控制在 3%以内。支承杆的加工长度一般为3～5 m，其连接方法可使用丝扣连接、榫接连接和剖口焊接。丝扣连接操作简单，使用安全可靠，但机械加工量大。榫接连接也有操作简单和机械加工量大的特点，滑升过程中易被千斤顶的卡头带起。当采用剖口焊接时，接口处倘若略有偏斜或凸疤，则要用手提砂轮机处理平整，使其能通过千斤顶孔道。当采用工具式支承杆时，应用丝扣连接。

2.穿心式液压千斤顶

在滑模工程中，常用的千斤顶为穿心液压千斤顶，支承杆从其中心穿过。穿心式液压千斤顶，按千斤顶卡具形式的不同可分为滚珠卡具式和楔块卡具式。千斤顶的允许承载力，即工作起重量一般不应超过其额定起重量的1/2。

3.液压控制台

液压控制台是液压传动系统的控制中心，主要由电动机、齿轮油泵、溢流阀、换向阀、分油器和油箱等组成。液压控制台有手动和自动两种控制形式。

4.油路系统

油路系统是连接控制台到千斤顶的液压通路，主要由油管、管接头、分油器和截止阀等组成。

油管一般采用高压无缝钢管或高压耐油橡胶管。与千斤顶连接的支油管最好使用高压胶管，油管耐压力应大于油泵压力的1.5倍。

截止阀又称针形阀，用于调节管路及千斤顶的液体流量，以控制千斤顶的升差，一般设置在分油器上或千斤顶与油管连接处。

二、模板受力分析

模板及其支承结构应具有足够的强度、刚度和稳定性，必须能承受施工中可能出现的各种荷载的最不利组合，且结构变形应在允许范围以内。模板及其支架承受的荷载分基本荷载和特殊荷载两类。

（一）基本荷载

基本荷载包括以下几项：

第一，模板及其支架的自重。该项荷载应根据设计图确定。对于木材的密度，针叶类按600 kg/m^{3}计算，阔叶类按800 kg/m^{3}计算。

第二，新浇混凝土重量。该项荷载通常可按24～25 kN/m^{3}计算。

第三，钢筋重量。对于一般钢筋混凝土，该项荷载可按1 kN/m^{3}计算。

第四，工作人员及浇筑设备、工具等荷载。在计算模板及直接支承模板的楞木时，可按均布活荷载2.5 kN/m^{2}及集中荷载2.5 kN/m^{2}验算；在计算支承楞木的构件时，可按1.5 kN/m^{2}计；在计算支架立柱时，可按1 kN/m^{2}计。

第五，振捣混凝土产生的荷载。该项荷载可按1 kN/m^{2}计。

第六，新浇混凝土的侧压力。该项荷载与混凝土初凝前的浇筑速度、捣实方法、凝固速度、坍落度及浇筑块的平面尺寸等因素有关，且与前三个因素的关系最密切。在振动影响范围内，混凝土因振动而液化，可按静水压力计算其侧压力，所不同的是，只是用流态混凝土的容重取代水的容重。

（二）特殊荷载

特殊荷载主要有以下两项：

第一，风荷载。该项荷载应根据施工地区和立模部位离地面的高度，按现行标准《建筑结构荷载规范》（GB 50009—2012）确定。

第二，上述荷载以外的其他荷载。

（三）基本荷载组合

在计算模板及支架的强度和刚度时，应根据模板的种类，选择如表 4-5 所示的基本荷载组合。特殊荷载可按实际情况计算，如平仓机、非模板工程的脚手架、工作平台、混凝土浇筑过程中不对称的水平推力及重心偏移、超过规定堆放的材料等。

表 4-5　基本荷载组合

<table>
<tr><th colspan="2" rowspan="2">模板种类</th><th colspan="2">基本荷载组合</th></tr>
<tr><th>计算强度用</th><th>计算刚度用</th></tr>
<tr><td rowspan="2">承重模板</td><td>板、薄壳底模板及支架</td><td>模板及其支架的自重＋新浇混凝土种类＋钢筋重量＋工作人员及浇筑设备、工具等荷载</td><td>模板及其支架的自重＋新浇混凝土种类＋钢筋重量</td></tr>
<tr><td>梁、其他混凝土结构（厚度大于 0.4m）的底模板及支架</td><td>模板及其支架的自重＋新浇混凝土种类＋钢筋重量＋振捣混凝土产生的荷载</td><td>模板及其支架的自重＋新浇混凝土种类＋钢筋重量</td></tr>
<tr><td colspan="2">竖向模板</td><td>新浇混凝土的侧压力或工作人员及浇筑设备、工具等荷载＋新浇混凝土的侧压力</td><td>新浇混凝土的侧压力</td></tr>
</table>

（四）承重模板及支架的抗倾稳定性验算

承重模板及支架的抗倾稳定性应按下列要求核算：

第一，倾覆力矩。应计算下列三项倾覆力矩，并采用其中的最大值：水荷载，按现行标准《建筑结构荷载规范》确定；实际可能发生的最大水平作用力；作用于承重模板边缘 1.5 kN/m 的水平力。

第二，稳定力矩。模板及支架的自重，折减系数为 0.8；如同时安装钢筋，应包括钢筋的重量。

第三，抗倾稳定系数。抗倾稳定系数大于 1.4。

当模板的跨度大于 4 m 时，其设计起拱值通常取跨度的 0.3%左右。

三、模板的制作、安装和拆除

（一）模板的制作

大中型混凝土工程模板通常由专门的加工厂制作，采用机械化流水作业，以利于提高模板的生产率和加工质量。模板制作的允许偏差如表 4-6 所示。

表 4-6　模板制作的允许偏差

<table>
<tr><th>模板类型</th><th colspan="2">偏差名称</th><th>允许偏差/mm</th></tr>
<tr><td rowspan="5">木模板</td><td colspan="2">小型模板的长和宽</td><td>±3</td></tr>
<tr><td colspan="2">大型模板（长和宽大于 3 m）的长和宽</td><td>±5</td></tr>
<tr><td rowspan="2">模板面平整度（未经刨光）</td><td>相邻两板面高差</td><td>1</td></tr>
<tr><td>局部不平（用 2 m 直尺检查）</td><td>5</td></tr>
<tr><td colspan="2">面板缝隙</td><td>2</td></tr>
<tr><td rowspan="3">钢模板</td><td colspan="2">模板的长和宽</td><td>±2</td></tr>
<tr><td colspan="2">模板面局部不平（用 2 m 直尺检查）</td><td>2</td></tr>
<tr><td colspan="2">连接配件的孔眼位置</td><td>±1</td></tr>
</table>

（二）模板的安装

模板安装必须按设计图纸测量放样，对重要结构应多设控制点，以便检查校正。在模板安装好后，要进行质量检查，检查合格后，才能进行下一道工序；且应经常保持足够的固定设施，以防模板倾覆。对于大体积混凝土浇筑块，成型后的偏差不应超过木模板安装允许偏差的 50%～100%，取值大小视结构物的重要性而定。水工建筑物混凝土木模板安装的允许偏差，应根据结构物的安全、运行条件、经济和美观要求确定，一般不得超过表 4-7 所规定的偏差值。

表 4-7　大体积混凝土木模板安装的允许偏差

项次	偏差项目		混凝土结构的部位	
			外露表面/mm	隐蔽内面/mm
1	平板平整度	相邻两面板高差	3	5
2		局部不平（用 2 m 直尺检查）	5	10
3	结构物边线与设计边线		10	15
4	结构物水平截面内部尺寸		±20	
5	承重模板标高		±5	
6	预留孔、洞尺寸及位置		10	

（三）模板的拆除

拆模的迟早直接影响混凝土质量和模板使用的周转率。相关施工规范规定，非承重侧面模板，混凝土强度应达到 2.5 MPa 以上，其表面和棱角不因拆模而损坏时方可拆除。一般需 2～7 d，夏天 2～4 d，冬天 5～7 d。混凝土表面质量要求高的部位，拆模时间宜晚一些。而钢筋混凝土结构的承重模板，要求达到表 4-8 所示的规定值（按混凝土设计强度等级的百分率计算）时才能拆模。

表 4-8　钢筋混凝土结构的承重模板的拆除规定

模板类型	跨度	规定值
悬臂板、梁模板	≤2 m	70%
	＞2 m	100%
其他梁、板、拱模板	≤2 m	50%
	2～8 m	70%
	＞8 m	100%

拆模的程序和方法如下：对于同一浇筑仓的模板，应按“先装的后拆，后装的先拆”的原则，按次序、有步骤地进行，不能乱撬；在拆模时，应尽量减少对模板的损坏，以提高模板的周转次数；要注意防止大片模板坠落；在高处拆组合钢模板，应使用绳索逐块下放；模板连接件、支承件应及时清理，收检归堆。

第三节　骨料的生产加工

混凝土的 90%由骨料构成，每立方米混凝土需近 1.5 m^3 的松散骨料。大中型水利工程，不仅对骨料的需要量相当大，质量要求高，而且往往需要施工单位自行制备。因此，正确组织骨料生产，是一项十分重要的工作。

水利工程中骨料的来源有三种：①天然骨料，天然砂、砾石经筛分、冲洗而制成的混凝土骨料；②人工骨料，开采的石料经过破碎、筛分、冲洗而制成的混凝土骨料；③组合骨料，以天然骨料为主、人工骨料为辅，配合使用的混凝土骨料。当确定骨料来源时，应以就地取材为原则，优先考虑采用天然骨料。只有在当地缺乏天然骨料，或天然骨料中某一级骨料的数量和质量不合要求时，或综合开采加工运输成本高于人工骨料时，才考虑采用人工骨料。

骨料生产的基本过程和作业内容为：沙砾料及块石的开采、场内运输（装卸、运输）、骨料加工（破碎、筛分、冲洗）、成品堆存（堆料、装卸）、成品料运输（装卸、运输）。对于组合骨料，可以分成两条独立的流水线，也可以在天然骨料生产过程中，辅以超径石的破碎和筛分，以补充短缺粒径的不足。

一、料场的规划

料场的规划需考虑料场的分布、高程，骨料的质量、储量、天然级配、开采条件、加工要求、弃料多少、运输方式、运输距离和生产成本等多种因素。骨料料场的规划、优选，应通过全面技术经济论证。

（一）料场选择的要求

第一，满足水工混凝土对骨料的各项质量要求，包括骨料的强度、抗冻性、化学稳定性、颗粒形状、级配和杂质含量等。

第二，储量大、质量好、开采季节长；主料场、辅料场应兼顾洪枯季节互为备用的要求；场地开阔、高程适宜。

第三，选择可采率高、天然级配与设计级配较为接近、用人工骨料调整级配数量少的料场。

第四，料场附近有足够的回车和堆料场地，且占用农田少。

第五，选择开采准备工作量小、施工简便的料场。

第六，优先考虑采用天然骨料。

如以上要求难以同时满足，应满足主要要求，即以满足质量、数量为基础，寻求开采、运输、加工成本费用低的方案，确定采用天然骨料、人工骨料还是组合骨料用料方案。若是组合骨料，则需确定天然和人工骨料的最佳搭配方案。

大型、高效、耐用的骨料加工机在大中型水利工程中的普遍应用，使得人工骨料的成本接近甚至低于天然骨料。采用人工骨料尚有许多天然骨料生产不具备的优点，如级配可按需调整，质量稳定，管理相对集中，受自然因素影响小，有利于均衡生产、减少设备用量、减少堆料场地，同时还可利用有效开挖料。因此，采用人工骨料或用机械加工骨料搭配的工程越来越多。

（二）开采量的确定

当采用天然骨料时，应确定沙砾料的开采量。由于沙砾料的天然级配（即各级骨料筛分后的百分比含量，由料场筛分试验测定）与混凝土骨料需要的级配（由配合比设计确定）往往不一致，因此不仅沙砾料开采总量要满足要求，而且每一级骨料的开采量也要满足相应的要求。

沙砾料开采总量应按下式进行控制：

$$V=\frac{V_0(1+\sum k_{损})}{A_0 k_{松}} \tag{4-3}$$

式中：V——根据某级骨料需要量确定的沙砾料开采总量，按自然方计，m^3；

V_0——某级骨料的需要量，按松方计，m^3；

A_0——该级骨料的天然级配含量；

$\Sigma k_{损}$——沙砾料在开采、运输、加工、储存过程中的总损失系数，可参照概算指标或类似工程资料确定；

$k_{松}$——松散系数。

根据式（4-3）先算出每一级骨料相应的开采总量，并取其中最大值作为计划的开采总量。

在实际开采中，大石含量通常过多，而中小石含量不足，如按中小石需要量开采，大石将过剩，造成浪费。为此，可增设破碎设备，进行人工破碎平衡；或调整混凝土的配合比，以减少短缺骨料的需要量。

当采用人工骨料时，块石的开采量应按块石开采的成品获得率及混凝土骨料需要量计算。

$$V_S = \frac{(1+\sum k_{损})\ V_h \alpha}{\beta \gamma} \tag{4-4}$$

式中：V_s——石料开采总量，m^3；

V_h——混凝土的总需用量，m^3；

α——混凝土的骨料需用量，t/m^3；

β——块石开采成品获得率，80%～95%；

γ——块石容重，t/m^3；

$\Sigma k_{损}$——开采、运输、加工过程中的总损失系数。

（三）砂石骨料的储存

骨料堆场的任务是储备一定数量的砂石料，以适应骨料生产与需求之间的不平衡，即解决骨料的供求矛盾。

骨料堆存分毛料堆存与成品堆存两种。毛料堆存的作用是调节毛料开采、运输和加工之间的不均衡；成品堆存的作用是调节成品生产、运输和混凝土拌和之间的不均衡，保证混凝土生产对骨料的需要。

骨料堆场的种类分毛料堆场、半成品料堆场和成品料堆场。

骨料储量多少，主要取决于生产强度和管理水平。一般可按高峰月平均值的 50%～80%考虑；在汛期、冰冻期停采时，须按停采期骨料需要量外加 20%富裕度校核。

成品砂石料应有 3 d 以上的堆存时间，以便脱水。故成品堆场的容量，还应满足砂石料自然脱水的要求。

1.骨料堆存方式

一是台阶式料仓，在料仓底部设有出料廊道，骨料通过卸料闸门卸在皮带机上运出。

二是堆料机料仓，采用双悬臂或动臂堆料机沿土堤上铺设的轨道行驶，由悬臂皮带机送料扩大堆料范围，向两侧卸料。

2.骨料堆存中的质量控制

骨料应堆放在坚硬的地面上，防止料堆下层对骨料的污染。料堆底部的排水设施应保持完好，砂料要有足够的脱水时间（3 d 以上），使砂料在进入搅拌楼前表面含水率降低到5%以下。

防止跌碎和分离是骨料堆存质量控制的首要任务，为此应尽量减少骨料的转运次数，降低自由跌落高度（一般应控制在2.5 m以内），以防骨料分离和逊径颗粒含量过高。在堆料时，应分层堆料，逐层上升。

不同粒径的骨料应用适当的墙体分开，或料堆之间留有足够的空间，使料堆之间不致混淆。

二、骨料的加工

从料场开采的混合沙砾料或块石，在经过破碎、筛分、冲洗等加工过程后，被制成符合级配、除去杂质的各级粗细骨料。

（一）骨料破碎

为了将开采的石料破碎到规定的粒径，往往需要经过几次破碎才能完成。因此，通常将骨料破碎的过程分为粗碎（将原石料破碎到 300～70 mm）、中碎（破碎到 70～20 mm）和细碎（破碎到 20～1 mm）三个阶段。

骨料的破碎过程需要用到专门的破碎设备。水利工程料场常用的破碎设备有颚式破碎机、旋回破碎机、圆锥破碎机和反击式破碎机等。

1.颚式破碎机

颚式破碎机的破碎槽由两块颚板（一块固定，另一块可以摆动）构成，颚板上装有可以更换的齿状钢板。颚式破碎机在工作时，传动装置带动偏心轮作用，使活动颚板左右摆动，破碎槽即可一开一合，将进入的石料轧碎，从下端出料口漏出。

颚式破碎机是常用的粗碎设备，其优点是结构简单，自重较轻，价格便宜，外形尺寸小，配置高度低，进料尺寸大，排料口开度容易调整；缺点是衬板容易磨损，产品中针片状含量较高，处理能力较低，一般需配置给料设备。

2.旋回破碎机

旋回破碎机可进行颚式破碎后第二阶段的破碎，也可直接用于第一阶段破碎，是常用的粗碎/中碎设备。旋回破碎机的优点是处理能力强，产出的产品粒形较颚式破碎机好，可挤满给料，进料无须配给料设备；缺点是结构较颚式破碎机复杂，自重大，机体高，价格贵，维修复杂，土建工程量大。旋回破碎机的排料要设缓冲仓和专用设备。

3.圆锥破碎机

（1）传统圆锥破碎机

它是常用的第二阶段破碎和第三阶段破碎设备，有标准、中型、短头三种腔型，弹簧和液压两种形式。它的破碎室由内外锥体之间的空隙构成。活动的内锥体装在偏心主轴上，外锥体固定在机架上。它在工作时，其传动装置带动主轴旋转，使内锥体做偏心转动，将石料碾压破碎，使石料从破碎室下端出料槽滑出。

传统圆锥式破碎机工作可靠，磨损轻，效率高，产品粒径均匀；但其结构和维修较复杂，机体高，价格较贵，破碎产品中针片状石料的含量较高。

（2）高性能圆锥破碎机

它与传统圆锥破碎机相比，破碎能力大为提高，可挤满给料，产品粒形很好，有更多的腔型变化，以适应中碎、细碎、制砂等各工序以及各种不同的生产要求，操作更为方便可靠，但价格高。

4.反击式破碎机

反击式破碎机有单转子、双转子、联合式三种形式。我国主要生产和应用前两种形式。

反击式破碎机的主要工作部件是转子和反击板。反击式破碎机的工作原理是利用高速冲击作用破碎物料。反击式破碎机在工作时，物料在设定的流道内沿第一、第二反击板经一定时间、一定长度的反复冲击路线破碎。物料的破碎是在其与打击板接触时进行的，随后物料被抛击到反击板上实现部分破碎，一部分料块群在空中互相撞击，进一步得到破碎。反击式破碎机的优点是破碎率大（一般为20%左右，甚至可达50%～60%）、产品好、产量高、能耗低、结构简单，适用于破碎中硬岩石，也可用于中细碎机制砂。反击式破碎机的缺点是板锤和衬板容易磨损，且更换和维修工作量大；产品级配不易控制，容易产生过粉碎。

（二）骨料筛分

骨料筛分的方法有水力筛分和机械筛分两种。前者利用骨料颗粒大小不同、水力粗度各异的特点进行筛分，适用于细骨料；后者利用机械力作用经不同孔眼尺寸的筛网对骨料进行筛分，适用于粗骨料。常用的骨料筛分设备有以下三种：

1.偏心振动筛

偏心振动筛又称偏心筛，主要由固定机架、活动筛架、筛网、偏心轴及电动机等组成。筛网的振动是利用偏心轴旋转时的惯性作用。偏心轴安装在固定机架上的一对滚珠轴承中，由电动机通过皮带轮带动，可在轴承中旋转。活动筛架通过另一对滚珠轴承悬装在偏心轴上，筛架上装有两层不同筛孔的筛网，可筛分三级不同粒径的骨料。

当偏心轴旋转时，由于偏心作用，筛架和筛网也跟着振动，从而使筛网上的石块向前移动，并且向上跳动和向下筛落。

由于筛架与固定机架之间是通过偏心轴刚性相连的，故将同时发生振动。为了减轻对固定机架的振动，在偏心轴两端还安装有与轴偏心方向成180°角的平衡块。

偏心筛的特点是刚性振动，振幅固定（3～6 mm），不因来料多少而变化，也不易因来料过多而堵塞筛孔。偏心筛的振动频率为840～1200次/min。偏心筛适用于筛分粗骨料、中骨料，常用来完成第一道筛分任务。

2.惯性振动筛

惯性振动筛又称惯性筛。它的偏心轴（带偏心块的旋转轴）安装在活动筛架上，其利用发动机带动旋转轴上的偏心块，产生离心力而引起筛网振动。

惯性筛的特点是弹性振动，振幅大小会随来料多少而变化，容易因来料多而堵塞筛孔，故要求来料均匀。惯性筛的振幅为1.6～6 mm，振动频率为1200～2000次/min，适用于中骨料、细骨料的筛分。

3.高效振动筛分机

目前，国外广泛采用高效编织网筛面的振动筛进行骨料的分级处理。高效振动筛分机的优点是骨料在筛网面上可以迅速均匀地散开，而筛网采用钢丝编织，其开孔率较目前国内普遍采用的橡胶网与聚氨酯网高出30%～50%，因而效率高于普通型振动筛。

（三）骨料冲洗

骨料冲洗即洗砂。常用的洗砂设备是螺旋式洗砂机。它是一个倾斜安放的半圆形洗砂槽，槽内装有1～2根附有螺旋叶片的旋转主轴。斜槽以18°～20°的倾斜角安放，低端进砂，高端进水。由于螺旋叶片的旋转，被洗的砂受到搅拌并移向高端出料门。洗涤水则不断地从高端流入，污水从低端的溢水口排出。

经水力分级后的骨料含水率往往高达17%～24%，必须经脱水方可使用。根据《水工混凝土施工规范》（SL 677—2014）可知，细骨料的表面含水率不宜超过6%，并保持稳定，必要时应采取加速脱水措施。例如，二滩工程采用的是圆盘式真空脱水筛，高频振动脱水筛通过负压吸水及振动脱水联合作用，达到脱水效果，可控制骨料含水率为10%～12%。

三、骨料加工厂

大规模的骨料加工，常将加工机械设备按工艺流程布置成骨料加工厂。骨料加工厂的布置原则如下：充分利用地形，减少基建工程量；有利于及时供料，减少弃料；成品获得率高，通常要求达到85%～90%。当成品获得率低时，应考虑利用弃料二次破碎，构成闭路生产循环。骨料加工厂在粗碎时多为开路，在中、细碎时采用闭路循环。

以筛分作业为主的加工厂称为筛分楼。筛分楼的布置常用皮带机送料上楼，经两道振动筛筛分出5种级配骨料，骨料则经沉砂箱和洗砂机清洗为成品骨料，各级骨料由皮带机送至成品堆料场堆存。骨料加工厂宜尽可能靠近混凝土系统，以便共用成品堆料场。

第四节　混凝土的制备

混凝土制备的过程包括贮料、供料、配料和拌和。其中，配料和拌和是主要生产环节，也是质量控制的关键，要求品种无误、配料准确、拌和充分。

一、混凝土配料

配料是按混凝土配合比要求，称准每次拌和的各种材料用量。配料的精度直接影响混凝土质量。

混凝土配料要求采用重量配料法，即将砂、石、水泥、掺和料按重量计量，水和外加剂溶液按重量折算成体积计量。相关施工规范对配料精度（按重量百分比计）的要求是水泥、掺和料、水、外加剂溶液为±1%，砂石料为±2%。

设计配合比中的加水量应根据水灰比计算确定，并以饱和面干状态的砂子为标准。由于水灰比对混凝土强度和耐久性的影响极大，绝不能任意变更。施工采用的砂子，其含水量又往往较高，在配料时采用的加水量，应扣除砂子表面含水量及外加剂的含水量。

（一）给料设备

给料是将混凝土各组分从料仓按要求供到称料料斗。给料设备的工作机构常与称量设备相连，当需要给料时，控制电路开通，进行给料；当计量达到要求时，即断电停止给料。常用的给料设备有皮带给料机、电磁振动给料机、叶轮给料机和螺旋给料机。

（二）骨料配料器

混凝土配料称量的设备称为配料器，其按所称物料的不同，可分为骨料配料器、水泥配料器和量水器等。骨料配料器主要有简易称量设备（如地磅、台秤等）、自动配料杠杆秤、电子秤、配水箱及定量水表等。

1.简易称量设备

当混凝土拌制量不大时，可采用简易称量设备。地磅称量，是将地磅安装在地槽内，用手推车装运材料推到地磅上进行称量。这种方法最简便，但称量速度较慢。台秤称量需配置称料斗、储料斗等辅助设备。

2.自动配料杠杆秤和电子秤

自动配料杠杆秤带有配料装置和自动控制装置，自动化水平高，精度较高。

电子秤是通过传感器承受材料重力拉伸，输出电信号在标尺上指出荷重的大小的，当指针与预先给定数据的电接触点接通时，即断电停止给料。电子秤的称量更加准确，精度可达99.5%。

自动配料杠杆秤和电子秤都属于自动化配料器，装料、称量和卸料的全部过程都是自动控制的。其中，自动化配料器动作迅速，称量准确，在混凝土搅拌楼中应用很广泛。

3.配水箱及定量水表

水和外加剂溶液可用配水箱和定量水表计量。配水箱是搅拌机的附属设备，相关人员可利用配水箱的浮球刻度尺控制水或外加剂溶液的投放量。定量水表常用于大型搅拌楼，在使用时将指针拨至每盘搅拌用水量刻度上，按电钮即可送水，指针也随进水量回移，至零位时电磁阀即断开停水，此后指针能自动复位至设定的位置。

需要注意的是，称量设备一般要求精度较高，而其所处的环境粉尘较大，因此应经常检查调整，及时清除粉尘。一般要求每班检查一次称量精度。

二、混凝土的拌和

（一）混凝土搅拌机

按照工作原理，混凝土搅拌机可分为自落式、强制式和涡流式三种。其中，自落式混凝土搅拌机有锥形反转出料搅拌机和双锥形倾翻出料搅拌机两种；强制式混凝土搅拌机分为涡桨式、行星式、单卧轴式和双卧轴式四种。

1.自落式混凝土搅拌机

自落式混凝土搅拌机的基本工作原理是筒身旋转，带动搅拌叶片将物料提高，在重力作用下让物料自由坠下，反复进行，使混凝土各组分搅拌均匀。

（1）锥形反转出料搅拌机

锥形反转出料搅拌机滚筒两侧开口，一侧开口用于装料，另一侧开口用于卸料。锥形反转出料自落式混凝土搅拌机正转搅拌，反转出料。由于搅拌叶片呈正、反向交叉布置，拌和料一方面被提高后靠自落进行搅拌，另一方面又被迫沿轴向做左右窜动，搅拌作用较好。

锥形反转出料搅拌机，主要由上料装置、搅拌筒、传动机构、配水系统和电气控制系统等组成。当混合料拌好以后，可通过按钮直接改变搅拌筒的旋转方向，拌和料即可经出料叶片排出。

锥形反转出料搅拌机构造简单，装拆方便，使用灵活，如装上车轮便成为移动式搅拌机；但容量较小（400～800 L），生产率不高，多用于中小型工程，或大型工程施工初期。

（2）双锥形倾翻出料搅拌机

双锥形倾翻出料搅拌机进出料在同一口，当出料时，气动倾翻装置使搅拌筒下旋 50°～60°，即可将物料卸出。双锥形倾翻出料搅拌机卸料迅速，拌筒容积利用系数高，拌和物的提升速度低，物料在拌筒内靠滚动自落而搅拌均匀，能耗低，磨损小，能搅拌大粒径骨料混凝土。双锥形搅拌机的容量较大，有 800 L、1000 L、1600 L、3000 L 等规格，拌和效果好，间歇时间短，生产效率高，主要用于大体积混凝土工程。

2.强制式混凝土搅拌机

强制式混凝土搅拌机一般筒身固定，搅拌机片旋转，从而对物料施加剪切、挤压、翻滚、滑动、混合作用，使混凝土各组分搅拌均匀。常用的强制式混凝土搅拌机有立轴强制式、单卧轴强制式等类型。

立轴强制式搅拌机是在圆盘搅拌筒中装一根回转轴，轴上装有搅拌铲和刮板，随轴一同旋转。它用旋转着的叶片，将装在搅拌筒内的物料强行搅拌均匀。

单卧轴强制式搅拌机的搅拌轴上装有两组叶片，两组推料方向相反，使物料既有圆周方向运动，也有轴向运动，因而能形成强烈的物料对抗，能使混合料在较短的时间内搅拌均匀。它由搅拌系统、进料系统、卸料系统和供水系统等组成。

强制式混凝土搅拌机的特点是拌和时间短，混凝土拌和质量好，对水灰比和稠度的适应范围广。但当拌和大骨料、多级配、低坍落度碾压混凝土时，搅拌机叶片、衬板的磨损快、耗量大。

3.涡流式混凝土搅拌机

涡流式混凝土搅拌机具有自落式混凝土搅拌机和强制式混凝土搅拌机的优点，靠旋转的涡流带动搅拌筒，由侧面的搅拌叶片将骨料提高，然后沿着搅拌筒内侧将骨料运送到强搅拌区，中搅拌轴上的叶片在逆向流中对骨料进行强烈搅拌。这种搅拌机叶片与搅拌筒筒底及筒壁的间距较大，可防卡料，具有能耗低、磨损小、维修方便等优点；但混凝土拌和不够均匀，不适合搅拌大骨料，因此未广泛使用。

（二）混凝土搅拌楼和搅拌站

混凝土搅拌楼的生产率高，配套设施齐全，管理方便，运行可靠，占地少，故在大中型混凝土工程中应用较普遍；而在中小型工程、分散工程或大型工程的零星部位，通常设置搅拌站。

1.搅拌楼

搅拌楼通常按工艺流程分层布置，各层由电子传动系统操作，分为进料、储料、配料、拌和及出料五层，其中配料层是全楼的控制中心，设有主操纵台。

搅拌楼的运行如下：水泥、掺和料和骨料由皮带机和提升机分别送到储料层的分格料仓内，料仓有5～6格装骨料，有2～3格装水泥和掺和料。每格料仓下装有配料斗和自动秤，称好的各种材料汇入集料斗内，再用回转式给料器送入待料的搅拌机内。拌和用水则由自动量水器量好后，直接注入搅拌机。拌好的混凝土卸入出料层的料斗，待运输车辆就位后，开启气动弧门出料。

2.搅拌站

搅拌站由数台搅拌机联合组成。当搅拌机数量不多时，可在场地上呈一字形排列布置；当数量较多时，则布置于沟槽路堑两侧，采用双排相向布置。搅拌站的配料可由人工也可由机械完成，供料配料设施的布置应考虑进出料方向、堆料场地和运输线路等因素。

（三）搅拌机的投料顺序

当采用一次投料法时，先将外加剂溶入拌和水，再按沙—水泥—石子的顺序投料，并在投料的同时加入全部拌和水进行搅拌。

当采用二次投料法时，先将外加剂溶入拌和水中，再将骨料与水泥分两次投料，在第一次投料时加入部分拌和水后搅拌，在第二次投料时再加入剩余的拌和水一并搅拌。实践表明，相比一次投料法，用二次投料法拌制的混凝土均匀性较好，水泥水化反应也更充分，混凝土强度可提高10%以上。

第五节　混凝土的运输

混凝土运输是整个混凝土工程中的一个重要环节。混凝上不同于其他建筑材料（如砖石和土料等），拌和后不能久存，而且在运输过程中对外界条件的影响也特别敏感。运输方法不正确或运输过程中的疏忽大意，都会降低混凝土的质量，甚至造成废品。

一、混凝土运输的要求

为保证混凝土的质量和浇筑工作的顺利进行，对混凝土运输有下列几点要求：

第一，混凝土拌和物在运输过程中应保持原有的均匀性及和易性，应防止发生离析现象。在运输过程中要尽量减少振动和转运次数，不能使混凝土料从2 m以上的高度自由跌落。

第二，要防止水泥砂浆损失。运输混凝土的工具应严密、不可漏浆，装料不要过满。在运输过程中，为防止浆液外溢，转弯速度不要过快。

第三，要防止外界气温对混凝土的不良影响，使混凝土在入仓时仍有原来的坍落度和一定的温度。为此，在夏季要遮盖，防止水分蒸发过多和日晒雨淋；在冬季要采取保温措施。

第四，要尽量缩短运输时间，防止混凝土出现初凝。混凝土运输、转运、入仓、浇筑的总时间不宜超过相关规范中规定的数值。在运输过程中已初凝的混凝土拌和料，应作废料处理。

第五，在同一时间内，浇筑不同强度等级的混凝土，必须特别注意运输工作的组织，以防标号错误。

二、混凝土的运输过程

混凝土运输包括两个运输过程：从搅拌机前到浇筑仓前，主要是水平运输；从浇筑仓前到仓内，主要是垂直运输。

（一）混凝土的水平运输

国内混凝土的水平运输主要有有轨运输、无轨运输和皮带机运输等形式。

1.有轨运输

有轨运输最常用的形式是机车运输。

采用机车运输比较平稳，能保证混凝土质量，且较经济，但要求道路平坦，不适用于高差大的场地。

机车运输一般有机车拖平板车立箱和机车拖侧卸罐车两种。前者在我国水利工程中被广泛应用，特别是工程量大、浇筑强度高的工程，这种运输方式运输能力大，运输过程中振动小，管理方便。

机车运输一般拖挂 3～5 节平台列车，上放混凝土立式吊罐 2～4 个，直接到搅拌楼装料。列车上预留 1 个罐的空位，以备转运时放置起重机吊回的空罐。这种运输方法有利于提高机车和起重机的效率，缩短混凝土运输时间。

立罐容积有 1 m^3、3 m^3、6 m^3、9 m^3 几种，容量大小应与搅拌机及起重机的能力相匹配。

混凝土运输车的整个周转过程包括：装料、运往浇筑地点、卸料、把空罐安放在平板车上、混凝土运输车从混凝土浇筑地点驶回混凝土工厂。混凝土运输车的生产效率取决于车载混凝土罐的罐数、一个循环的周转时间和每列车每班生产率。

一个循环的周转时间按下式计算：

$$T=t_1+t_2+t_3+t_4+t_5 \tag{4-5}$$

式中：t_1——在混凝土工厂内给混凝土料罐装满混凝土所需的时间，min；

t_2——列车在往返途中的运行时间，min；

t_3——列车在混凝土浇筑块处的卸载时间，min；

t_4——在装卸处及途中调动列车的时间（取值取决于线路布置方案），min；

t_5——由于组织和技术上的原因，可能发生的停车时间[这个时间须计入整个周转时间内，一般可取全周转时间（前四项之和）的 5%～10%]，min。

每列车每班生产率按下式计算：

$$Q=（t/T）KnqK_c \tag{4-6}$$

式中：Q——每列车每班生产率，m^3/（班·列）；

t——每班工作时间，min；

T——列车往返循环时间，min；

K——每班时间利用系数；

n——每列车车载混凝土罐数，个；

q——每个混凝土罐的额定容量，m^3；

K_c——混凝土罐容积利用系数。

2.无轨运输

混凝土的无轨运输主要由混凝土搅拌车、后卸式自卸汽车、汽车运立罐及无轨侧御料罐车等进行。

无轨运输机动灵活，载重量较大，卸料迅速，应用广泛。与有轨运输相比，它具有投资少、道路容易修建，以及能适应工地场地狭窄、高差变化大等优势。但汽车运费高，振动大，容易使混凝土料漏浆和离析，运输质量不如有轨运输，事故率较高。在进行施工规划时，应尽量考虑运输混凝土的道路与基坑开挖出渣道路相结合，在基坑开挖结束后，利用出渣道路运输混凝土，以缩短混凝土浇筑的准备工期。

3.皮带机运输

皮带机可将混凝土直接运送入仓，也可作为转料设备。皮带机主要有固定式和移动式两种。固定式皮带机即用钢排架支撑多条胶带通过仓面，每条胶带控制浇筑宽度 5～6 m，每隔几米设置刮板，混凝土经过溜筒垂直下卸。移动式皮带机由在仓面上的移动梭式胶带布料机与供应混凝土的固定胶带正交布置，混凝土经过梭式胶带布料机分料入仓。

皮带机设备简单，操作方便，成本低，生产率高，但在运输流态混凝土时容易导致混凝土的分层离析。此外，皮带机为薄层运输，混凝土与大气接触面大，容易改变混凝土的温度和含水量，影响混凝土质量。为减小不利影响，一般可采取以下几项措施：

第一，将皮带机的运行速度限制在 1～1.2 m/s 以内，上坡角度为 14°～16°，下坡角度为 6°～8°；最大骨料粒径不宜大于 80 mm；皮带应张紧，以减小通过滚轴时的跳动；宜选用槽形皮带机，皮带接头宜胶结；在转运或卸料处设置挡板和溜筒，以防止混凝土料分离。

第二，在皮带机头的底部设置 1～2 道橡皮刮板，以减少砂浆损失。砂浆损失应控制在 1.5%以内。

第三，为皮带机搭设盖棚，以免混凝土受日照、雨等影响；在低温季节施工时，应有适当的保温措施。

第四，为皮带机装置冲洗设备，以保证在卸料后能及时清洗内带上所黏附的水泥砂浆，且要采取措施，防止冲洗的水流入新浇的混凝土中。

皮带机是一种能连续工作、生产效率高、适用于地形高差大的工程部位、动力消耗小、操作管理人员少的混凝土运输设备。但是，平仓振捣一定要跟上，且皮带机一旦发生故障，全线停运，停留在胶带上的大量混凝土难以处理。此外，皮带机一次只能运送一种混凝土料。

（二）混凝土的垂直运输

混凝土的垂直运输又称入仓运输，主要由起重机械完成。常用的混凝土垂直运输的起重机械主要由以下几种：

1.门式起重机

门式起重机，又称龙门起重机，是一种大型移动式起重设备。它的下部为一个钢结构门架，门架底部装有车轮，可沿轨道移动。门架下有足够的净空，能并列通行 2 列运输混凝土的平台列车。门架上面的机身包括起重臂、回转工作台、滑轮组（或臂架连杆）、支架和平衡重等。整个机身可通过转盘的齿轮作用，水平回转 360°。该机运行灵活，移动方便，起重臂能在负荷下水平转动，但不能在负荷下变幅。变幅需要在非工作时，利用钢索滑轮组使起重臂改变倾角来完成。

2.塔式起重机

塔式起重机是起重臂安置在垂直塔身上部、可回转的臂架型起重机。塔式起重机由塔身、起重臂、平衡臂、转台和底架等金属结构件以及起升、变幅、回转和行走机构等组成。塔式起重机按工作方式可分为固定式、移动式和自升式三种。塔式起重机的起重臂多是水平的，起重小车钩可沿起重臂水平移动，用以改变起重幅度。

3.缆式起重机

缆式起重机由一套凌空架设的缆索系统、起重小车、主塔架、副塔架等组成。主塔内设有机房和操纵室，并用对讲机和工业电视与现场联系，以保证缆式起重机的运行。

缆索系统为缆式起重机的主要组成部分，它包括承重索、起重索、牵引索和各种辅助索。承重索两端系在主塔和副塔的顶部，承受很大的拉力，通常用高强钢丝束制成，是缆索系统中的主索。起重索用于沿垂直方向升降起重钩，牵引索用于牵引起重小车沿承重索移动。

缆式起重机的类型，一般按主副塔架的移动情况划分，有固定式、平移式和辐射式三种。主副塔架都固定的称固定式；主副塔架都可移动的称平移式；副塔架固定，主塔架沿弧形轨道移动的称辐射式。

缆式起重机适用于狭窄河床的混凝土坝浇筑，它不仅具有控制范围大、起重量大、生产率高等特点，而且能提前安装和使用，使用期长，不受河流水文条件和坝体升高的影响，对加快主体工程施工具有明显的促进作用。

4.履带式起重机

履带式起重机多由开挖石方的挖掘机改装而成，可直接在地面上工作，无须轨道。它的提升高度不大，控制范围也比门式起重机小，但起重量大，转移灵活，能适应工地狭窄的地形，在开工初期能及早投入使用，生产率高。该机适用于浇筑高程较低的部位。

第六节　混凝土的浇筑与养护

一、混凝土的浇筑

（一）浇筑前的准备工作

混凝土浇筑前的准备工作主要有基础面处理、施工缝处理，以及模板、钢筋及预埋件检查等。

1.基础面处理

对于土基，应先将开挖基础时预留下来的保护层挖除，并清除杂物；然后用碎石垫底，盖上湿砂，再进行压实；最后浇筑 8～12 cm 厚的素混凝土垫层。

对于沙砾地基，应清除杂物，整平基础面，并浇筑 10～20 cm 厚的素混凝土垫层。

对于岩基，一般要求清除到质地坚硬的新鲜岩面，然后进行整修。整修是用工具去掉表面松软岩石、棱角和反坡，并用高压水冲洗，用压缩空气吹扫。若岩面上有油污、灰浆及黏结的杂物，还应采用钢丝刷反复刷洗，直至岩面清洁，最后再用风吹至岩面无积水。清洗后的岩基在混凝土浇筑前应保持洁净和湿润，经检验合格，才能开仓浇筑。

2.施工缝处理

施工缝是指浇筑块之间新老混凝土的结合面。为了保证建筑物的整体性，在新混凝土浇筑前，必须将老混凝土表面的水泥膜（又称乳皮）清除干净，并使其表面新鲜整洁，有石子半露的麻面，以利于新老混凝土的紧密结合。但对于要进行接缝灌浆处理的纵缝面，可不凿毛，只需冲洗干净即可。

施工缝的处理方法有以下几种：

（1）风砂水枪喷毛

将经过筛选的粗砂和水装入密封的砂箱，并通入压缩空气；压缩空气混合水砂，经喷枪喷出，把混凝土表面喷毛。一般在混凝土浇筑完毕 24～48 h 后开始喷毛，具体时间应视气温和混凝土强度增长情况而定。若在混凝土表层喷洒缓凝剂，则可降低喷毛的难度。

（2）高压水冲毛

高压水冲毛是在混凝土凝结后但尚未完全硬化前，用高压（0.1～0.25 MPa）水冲刷混凝土表面，形成毛面。对龄期稍长的可用压力更高（0.4～0.6 MPa）的水，有时配以钢丝刷刷毛。高压水冲毛的关键是掌握冲毛时机，过早会使混凝土表面松散，并冲去表面混凝土；过迟则混凝土变硬，不仅会增加工作困难，而且不能保证质量。春秋季节，应在浇筑完毕 10～16 h 后进行；夏季应在浇筑完毕 6～10 h 后进行；冬季则在浇筑完毕 18～24 h 后进行。若在新浇混凝土表面洒刷缓凝剂，则可延长冲毛时间。

（3）刷毛机刷毛

在大而平坦的仓面上，可用刷毛机刷毛。刷毛机装有旋转的粗钢丝刷和吸收浮渣的装置，它利用粗钢丝刷的旋转刷毛并利用吸渣装置吸收浮渣。

喷毛、冲毛和刷毛适用于尚未完全凝固的混凝土水平缝面的处理。在全部处理完后，需用高压水清洗干净，要求缝面无尘、无渣，然后再盖上麻袋或草袋进行养护。

（4）风镐凿毛或人工凿毛

已经凝固的混凝土可利用风镐凿毛或石工工具凿毛，凿深约 1～2 cm，然后用高压水冲净。凿毛多用于垂直缝。

凿毛后的仓面清扫应在即将浇筑前进行，以清除施工缝上的垃圾、浮渣和灰尘，并用高压水冲洗干净。

3.模板、钢筋及预埋件检查

在开仓浇筑前，必须按照设计图纸和施工规范的要求，对仓面安设的模板、钢筋及预埋件进行全面检查验收，签发合格证。

（1）模板检查

模板检查主要检查模板的架立位置与尺寸是否准确，模板及其支架是否牢固稳定，固定模板用的拉条是否弯曲等。模板板面要求洁净、密缝并涂刷脱模剂。

（2）钢筋检查

钢筋检查主要检查钢筋的数量、规格、间距、保护层、接头位置与搭接长度是否符合设计要求。要求焊接或绑扎接头必须牢固，安装后的钢筋网应有足够的刚度和稳定性，钢筋表面应洁净。

（3）预埋件检查

预埋件检查主要检查预埋管道、止水片、止浆片、预埋铁件、冷却水管和预埋观测仪器等的数量、安装位置和牢固程度等。

（二）混凝土入仓

1.自卸汽车转溜槽、溜筒入仓

自卸汽车转溜槽、溜筒入仓适用于狭窄、深坑混凝土回填。斜溜槽的坡度一般在 1∶1 左右；混凝土的坍落度一般为 6cm 左右；溜筒长度一般不超过 15m；混凝土自由下落高度不大于 2m；每道溜槽控制的浇筑宽度为 5～6m。这种入仓方式准备工作量大，适用于和易性好的混凝土，以便仓内操作，所以这种混凝土入仓方式多在特殊情况下使用。

2.吊罐入仓

使用起重机械吊运混凝土罐入仓是目前普遍采用的入仓方式，其优点是入仓速度快、使用方便灵活、准备工作量少、混凝土质量易保证。

3.汽车直接入仓

自卸汽车开进仓内卸料具有设备简单、工效高、施工费用较低等优点。在混凝土起吊运输设备不足，或施工初期尚未具备安装起重机条件的情况下，可使用这种方法。这种方法适用于浇筑铺盖、护坡、海漫和闸底板，以及大坝、厂房基础等部位。常用的方式有端进法和端退法。

（1）端进法

对于基础凹凸起伏较大或有钢筋的部位，汽车无法在浇筑仓面上通过，此时可采用此法。在开始浇筑时，汽车不进入仓内；当浇筑至预定的厚度时，在新浇的混凝土面上铺上厚 6～8 mm 的钢垫板，汽车可从其上驶入仓内卸料浇筑。此法的浇筑层厚度不超过 1.5 m。

（2）端退法

汽车倒退驶入仓内卸料浇筑。在立模时，预留汽车进出通道，待收仓时再封闭。此法的浇筑层厚度应在 1 m 以下为宜。汽车轮胎应在进仓前冲洗干净，仓内水平施工缝面应保持洁净。

汽车直接入仓浇筑混凝土的特点如下：

第一，工序简单，准备工作量少，不需要搭设栈桥，因此使用劳力较少，工效较高。

第二，适用于面积大、结构简单、较低部位的无筋或少筋仓面浇筑。

第三，由于汽车装载混凝土经较长距离运输且卸料速度较快，砂浆与骨料容易分离，因此汽车卸料落差不宜超过 2 m，平仓振捣能力和入仓速度要适宜。

（三）混凝土铺料

混凝土入仓铺料多采用平层浇筑法，逐层连续铺填。若受设备能力所限，也可采用斜层浇筑法和阶梯浇筑法。

1.平层浇筑法

当采用平层浇筑法时，对于闸、坝工程的迎水面仓位，铺料方向要与闸、坝轴线平行；对于基岩凹凸不平或混凝土工作缝在斜坡上的仓位，应由低到高铺料，先填坑，再按顺序铺料；对于采用履带吊车浇筑的一般仓位，应按履带吊车行走方便的方向铺料；对于有廊道、钢管或埋件的仓位，在卸料时，廊道、钢管两侧要均衡上升，其两侧高差不得超过铺料的层厚（一般为30～50cm）。

混凝土的铺料厚度应由混凝土入仓速度、铺料允许间隔时间和仓位面积大小决定，仓内劳动组合、振捣器的工作能力、混凝土和易性等都要满足混凝土浇筑的需要。例如，在闸、坝混凝土施工中，铺料厚度多采用 30～50cm，但当采用胶轮车入仓、人工平仓时，其厚度不宜超过30cm。

当采用平层浇筑法时，因浇筑层之间的接触面积大，应注意防止出现冷缝（即铺填上层混凝土时，下层混凝土已经初凝）。为了避免产生冷缝，仓面面积 A 和浇筑层厚度 h 必须满足下式要求：

$$Ah \leqslant KQ(t_2-t_1) \tag{4-7}$$

式中：A——浇筑仓面最大水平面积，m^2；

h——浇筑厚度，取决于振捣器的工作深度，一般为0.3～0.5 m；

K——时间延误系数，可取0.8～0.85；

Q——混凝土浇筑的实际生产能力，m^3/h；

t_2——混凝土初凝时间，h；

t_1——混凝土运输、浇筑所占时间，h。

平层浇筑法的特点如下：

第一，铺料的接头明显，混凝土便于振捣，不易漏振。

第二，入仓强度要求较高，尤其在夏季施工时，为不超过允许间隔时间，必须加快混凝土入仓的速度。

第三，平层浇筑法能较好地保持老混凝土面的清洁，保证新老混凝土之间的结合质量。

采用平层浇筑法还应注意以下几点：①混凝土入仓能力要与浇筑仓面的大小相适应；②平层浇筑法不宜采用汽车直接入仓浇筑的方式；③可以使用集平仓、振捣于一体的混凝土平仓振捣机械。

2.阶梯浇筑法

阶梯浇筑法的铺料顺序是从仓位的一端开始，向另一端推进，并以台阶形式，边向前推进边向上铺筑，直至浇筑到规定的厚度，把全仓浇筑完。阶梯浇筑法的优点有：能缩短混凝土上下层浇筑的间歇时间；在铺料层数一定的情况下，浇筑块的长度可不受限制；既适用于大面积仓位的浇筑，也适用于通仓浇筑。阶梯浇筑法的层数以 3～5 层为宜，阶梯长度不小于 3 m。

3.斜层浇筑法

当浇筑仓面大，混凝土初凝时间短，混凝土拌和、运输、浇筑能力不足时，可采用斜层浇筑法。当采用斜层浇筑法时，由于平仓和振捣会使砂浆容易流动和分离，因此应使用低流态混凝土，且浇筑块高度一般限制在 1～1.5m 以内，同时应控制斜层的层面斜度不大于 10°。

无论采用哪一种浇筑方法，都应保持混凝土浇筑的连续性。若相邻两层浇筑的间歇时间超过混凝土的初凝时间，将出现冷缝，此时应停止浇筑，并按施工缝处理。

（四）平仓

平仓就是把卸入仓内成堆的混凝土铺平到要求的均匀厚度。平仓的方法主要有以下三种：

1.人工平仓

人工平仓的适用范围如下：

第一，在靠近模板和钢筋较密的地方，应用人工平仓，以使石子分布均匀。

第二，水平止水、止浆片底部要用人工送料填满，严禁料罐直接下料，以免止水、止浆片卷曲和底部混凝土架空。

第三，门槽、机组埋件等二期混凝土浇筑应用人工平仓。

第四，各种预埋仪器周围应用人工平仓，以防止仪器位移和损坏。

2.振捣器平仓

振捣器平仓的工作量，主要根据铺料厚度、混凝土坍落度和级配等因素而定。在一般情况下，振捣器平仓与振捣的时间比大约为 1∶3，但平仓不能代替振捣。常用的机械为混凝土平仓振捣机。

混凝土平仓振捣机是一种能同时进行混凝土平仓和振捣两项作业的新型混凝土施工机械。采用平仓振捣机，能提高振实效果和生产率，适用于大体积混凝土机械化施工；但要求仓面大、模板无拉条、履带压力小，还需要起重机吊运入仓。根据行走底盘的形式，平仓振捣机主要有履带推土机式和液压臂式两种基本类型。

3.机械平仓

大体积混凝土施工采用机械平仓较好，可节省人力和提高混凝土施工质量。为了便于使用平仓振捣机械，浇筑仓内不宜有模板拉条，应采用悬臂式模板。

（五）振捣

振捣的目的是使混凝土密实，并使混凝土与模板、钢筋及预埋件紧密结合。振捣是混凝土施工中最关键的工序，应在混凝土平仓后立即进行。

混凝土振捣主要采用振捣器进行，主要是利用振捣器产生的高频率、小振幅的振动作用，减小混凝土拌和物的内摩擦力和黏结力，从而使塑态混凝土液化，使骨料相互滑动而紧密排列，排出砂浆空隙中的空气，进而使混凝土密实，并使液化后的混凝土填满模板内部的空间，且与钢筋紧密结合。

1.振捣器的类型和应用

混凝土振捣器，按振捣方式的不同，分为插入式振捣器、外部式振捣器、表面式振捣器和振动台等。其中，外部式振捣器只适用于柱、墙等结构尺寸小且钢筋密的构件；表面式振捣器只适用于薄层混凝土（如渠道衬砌、道路、薄板等）的捣实；振动台多用于实验室。

插入式振捣器在水利工程混凝土施工中使用最多，主要有电动硬轴式、电动软轴式和风动式三种。电动硬轴式振捣器的构造比较简单，使用方便，振动影响半径大（35～60 cm），振捣效果好，故在水利工程混凝土浇筑中应用最普遍。电动软轴式振捣器适用于钢筋密、断面比较小的部位。风动式振捣器的适用范围与电动硬轴式振捣器基本相同，但耗风量大，振动频率不稳定，已逐渐被淘汰。

2.插入式振捣器的操作

用插入式振捣器振捣混凝土，应在仓面上按一定顺序和间距逐点插入进行振捣。每个插入点的振捣时间一般为20～30 s。在实际操作时，振实标准的判断依据是：混凝土表面不再显著下沉，不出现气泡，并在表面出现一层薄而均匀的水泥浆。若振捣时间不够，则达不到振实要求；若过振则骨料下沉、砂浆上翻，产生离析。

振捣器的有效振动范围用振动作用半径 R 表示。R 的大小与混凝土坍落度和振捣器性能有关，可经试验确定，一般为30～50 cm。

为了避免漏振，插入点之间的距离不能过大，要求相邻插入点间距不应大于其影响半径的 1.5～1.75 倍。在布置振捣器插入点位置时，还应注意不要碰到钢筋和模板；但离模板的距离也不要大于20～30 cm，以免因漏振而使混凝土表面出现蜂窝麻面。

在每个插入点进行振捣时，振捣器要垂直插入，快插慢拔，并插入下层混凝土 5～10 cm，以保证上、下层混凝土的结合。

二、混凝土的养护

当混凝土浇筑完毕后，在一段相当长的时间内，应使其保持适当的温度和足够的湿度，以形成良好的混凝土硬化条件。这样既可以防止其表面因干燥过快而产生干缩裂缝，又可促使其强度不断增长。

在常温条件下，混凝土的养护方法如下：混凝土水平面可用水、湿麻袋、湿草袋、湿砂、锯末等覆盖；垂直面进行人工洒水，或用带孔的水管定时洒水，以维持混凝土表面潮湿。近年来出现的喷膜养护法，是在混凝土初凝后，在混凝土表面喷 1～2 次养护剂，以形成一层薄膜，这样可以阻止混凝土内部水分的蒸发，达到养护的目的。

混凝土养护一般是从浇筑完毕 12～18 h 后开始。养护时间的长短取决于当地气温、水泥品种和结构物的重要性等，如：用普通水泥、硅酸盐水泥拌制的混凝土，养护时间不少于 14 d；用大坝水泥、火山灰质水泥、矿渣水泥拌制的混凝土，养护时间不少于 21 d，重要部位和利用后期强度的混凝土，养护时间不少于 28 d。在冬季和夏季施工的混凝土，养护时间须按设计要求进行。在冬季，应采取保温措施，减少洒水次数，当气温低于 5 ℃时，应停止洒水养护。

第五章　水闸和渠系建筑物施工

第一节　水闸施工

水闸是一种低水头的水工建筑物，它具有挡水和泄水的双重作用，用以调节水位、控制流量。

一、水闸的类型

（一）按水闸承担的任务分

水闸按其所承担的任务，可分为六种，即拦河闸、进水闸、分洪闸、排水闸、挡潮闸、冲沙闸。

拦河闸，又称节制闸，建于河道或干流上，用于拦截河流。拦河闸的主要作用是控制河道下泄流量，在枯水期拦截河道，抬高水位，以满足取水或航运的需要；在洪水期则提闸泄洪，控制下泄流量。

进水闸，又称取水闸或渠首闸，建在河道、水库或湖泊的岸边，用来控制引水流量。这种水闸有开敞式、涵洞式两种，常建在渠首。

分洪闸，常建于河道的一侧，用以分泄天然河道不能容纳的多余洪水进入湖泊、洼地，以削减洪峰，确保下游安全。分洪闸的特点是泄水能力很强，但没有取水的功能。

排水闸，常建于江河沿岸，可防江河洪水倒灌，在河水退落时又可开闸排洪。排水闸双向均可泄水，所以前后都可能承受水压力。

挡潮闸，建在入海河口附近，在涨潮时关闸可防止海水倒灌，在退潮时可开闸泄水，具有双向挡水的特点。

冲沙闸，建在多泥沙河流上，用于排除进水闸、拦河闸前或渠系中沉积的泥沙，减少引水水流的含沙量，防止渠道和闸前河道淤积。

（二）按闸室结构形式分

水闸按闸室结构形式可分为开敞式、胸墙式及涵洞式等。

开敞式水闸的过闸水流表面不受阻挡，泄流能力大。

胸墙式水闸的闸门上方设有胸墙，可以减少挡水时闸门上的力，增加挡水变幅。

涵洞式水闸的闸门后为有压或无压洞身，洞顶有填土覆盖。

（三）按水闸规模分

按水闸规模分，水闸可分为大型水闸、中型水闸、小型水闸：泄流量大于 1000 m^3/s 的水闸为大型水闸；泄流量为 100～1000 m^3/s 的水闸为中型水闸；泄流量小于 100 m^3/s 的水闸为小型水闸。

二、水闸的组成

水闸一般由闸室段、上游连接段和下游连接段三部分组成。

（一）闸室段

闸室是水闸的主体部分，其作用是控制水位和流量，兼有防渗防冲作用。闸室的布置应考虑分缝、止水。

1.闸室的构造

闸室由底板、闸墩、闸门、胸墙、交通桥及工作桥、启闭机等组成。

（1）底板

底板是闸室的重要组成部分，它将闸室上部结构的重量及荷载传至地基。建在软基上的闸室主要由底板与地基间的摩擦力来维持稳定。底板还有防渗和防冲的作用。

常用的闸室底板有平底板、反拱底板、低实用堰底板等。

为适应地基不均匀沉降和减小底板内的温度应力，底板需沿水流方向用横缝（温度沉降缝）将闸室分成若干段，每个闸段可为单孔、两孔或三孔。

横缝设在闸墩中间、闸墩与底板连在一起的，称为整体式底板。整体式底板闸孔两侧闸墩之间不会出现过大的不均匀沉降，对闸门启闭有利，用得较多。整体式底板常用实心结构；但当地基承载力较差，如只有 30～40 kPa 时，则应考虑采用刚度大、重量轻的箱式底板。

在坚硬、紧密或中等坚硬、紧密的地基上，单孔底板上设双缝，将底板与闸墩分开的，称为分离式底板。分离式底板闸室上部结构的重量将直接由闸墩或连同部分底板传给地基。底板可用混凝土或浆砌块石建造，当采用浆砌块石时，应在块石表面再浇一层厚约 15 cm、强度等级为 C15 的混凝土或加筋混凝土，以使底板表面平整并具有良好的防冲性能。

如地基较好，相邻闸墩之间不致出现不均匀沉降的情况下，还可将横缝设在闸孔底板中间。

（2）闸墩

闸墩用来分隔闸孔和支承闸门、胸墙、工作桥、交通桥等。闸墩将闸门、胸墙以及本身挡水所承受的水压力传递给底板。

若闸墩采用浆砌块石，为保证墩头的外形轮廓，并加快施工进度，可采用预制构件。大、中型水闸因沉降缝常设在闸墩中间，故多采用墩头为半圆形的闸墩，有时也采用流线型闸墩。

近年来，我国有些工程采用框架式闸墩。这种形式既可节约钢材，又可降低造价。

（3）闸门

闸门用来挡水和控制过闸流量。闸门在闸室中的位置与闸室稳定性、闸墩和地基应力以及上部结构的布置等有关。平面闸门一般设在靠上游侧；有时为了充分利用水重，也可移向下游侧。为避免闸墩过长，弧形闸门需要靠上游侧布置。

平面闸门的门槽深度取决于闸门的支承形式，检修门槽与工作门槽之间应留有 1.0～3.0 m 净距，以便检修。

（4）胸墙

胸墙设于工作闸门上部，帮助闸门挡水。胸墙一般做成板式或梁板式。板式胸墙适用于跨度小于 5.0 m 的水闸，墙板可做成上薄下厚的楔形板。跨度大于 5.0 m 的水闸可采用梁板式胸墙，其由墙板、顶梁和底梁组成。当胸墙高度大于 5.0 m 且跨度较大时，可增设中梁及竖梁构成肋形结构。

胸墙的支承形式分为简支式和固结式两种。简支式胸墙与闸墩可分开浇筑，缝间涂沥青；也可将预制墙体插入闸墩预留槽内，做成活动胸墙。固结式胸墙与闸墩同期浇筑，胸墙钢筋伸入闸墩内，形成刚性连接。这样虽然截面尺寸较小，可以增强闸室的整体性，但受温度变化和闸墩变位影响，胸墙支点附近的迎水面容易产生裂缝。整体式底板可用固结式胸墙，分离式底板多用简支式胸墙。

（5）交通桥及工作桥

交通桥和工作桥用于安装启闭设备、操作闸门等。

交通桥一般设在水闸下游一侧，可采用板式、梁板式或拱形结构。为了安装闸门启闭机和便于操作管理，需要在闸墩上设置工作桥。小型水闸的工作桥一般采用板式结构，大中型水闸的工作桥多采用装配式梁板结构。

（6）启闭机

在水工建筑物中，专门用于各种闸门开启与关闭的起重设备称为闸门启闭机。

闸门启闭机分固定式启闭机和移动式启闭机两类。固定式启闭机主要用于工作闸门和事故闸门，每扇闸门配备1台启闭机，常用的有卷扬式启闭机、螺杆式启闭机和液压式启闭机等。移动式启闭机可在轨道上行走，适用于操作多孔闸门，常用的有门式、台式和桥式等几种。

2.分缝及止水设备

（1）分缝

为了防止和减少由地基不均匀沉降、温度变化及混凝土干缩引起的底板断裂和裂缝，多孔水闸需要沿轴线每隔一定距离设置永久缝，且缝距不宜过大或过小。

整体式底板的温度沉降缝设在闸墩中间。在靠近岸边处，为了减轻墙后填土对闸室的不利影响，特别是当地质条件较差时，最好采用单孔再接二孔或三孔的闸室；若地质条件较好，也可将缝设在底板中间或在单孔底板上设双缝。

为避免相邻结构由于荷重悬殊产生不均匀沉降，也要分开设缝，如铺盖与底板、消力池与底板，以及铺盖、消力池与翼墙等连接处都要分别设缝。此外，混凝土铺盖及消力池本身也需设缝分段、分块。

（2）止水

止水分垂直止水、水平止水两种。垂直止水设在闸墩中间、边墩与翼墙间以及上游翼墙本身；水平止水设在铺盖、消力池与底板间，翼墙、底板与闸墩间，以及混凝土铺盖及消力池本身的温度沉降缝内。

（二）上游连接段

上游连接段处于水流行进区，主要作用是引导水流从河道平稳地进入闸室，保护两岸及河床免遭冲刷，同时有防冲、防渗的作用。上游连接段一般包括上游翼墙、铺盖、上游防冲槽和两岸护坡等。

上游翼墙的作用有：导引水流，使之平顺地流入闸孔；抵御两岸填土压力，保护闸前河岸不受冲刷；侧向防渗。

铺盖主要起防渗作用，对其表面应进行保护，以满足防冲要求。

上游防冲槽和两岸护坡的作用是保护河床两岸不受冲刷。

（三）下游连接段

下游连接段的作用是消除过闸水流的剩余能量，引导出闸水流均匀扩散，调整流速分布和减缓流速，防止水流出闸后对下游的冲刷。

下游连接段包括护坦、海漫、下游翼墙、下游防冲槽、两岸护坡等。其中，下游翼墙、下游防冲槽、两岸护坡的基本结构和作用同上游。

三、水闸的防渗

水闸建成后，由于上下游存在水位差，在闸基、边墩和翼墙的背水一侧容易产生渗流。渗流对建筑物的不利影响，主要表现为：①降低闸室的抗滑稳定性及两岸翼墙和边墩的侧向稳定性；②可能引起地基的渗透变形，严重的渗透变形会使地基受到破坏；③损失水量；④使地基内的可溶物质加速溶解。

要想更好地进行水闸防渗，应先了解地下轮廓线。地下轮廓线是指水闸上游铺盖和闸底板等不透水部分和地基的接触线。地下轮廓线的布置原则是“上防下排”，即在闸基靠近上游部分以防渗为主，采取水平防渗或垂直防渗措施，阻截渗水，消耗水头；在闸基靠近下游部分以排水为主，力求尽快排除渗水、降低渗压。地下轮廓线的布置与地基土质有密切关系。

例如，黏性土壤具有凝聚力，不易产生管涌，但摩擦系数较小。因此，黏性土地基布置地下轮廓线，主要考虑降低渗透压力，以提高闸室稳定性。闸室上游宜设置水平钢筋混凝土或黏土铺盖，或土工膜防渗铺盖。闸室下游护坦底部应设滤层，下游排水可延伸到闸底板下。

再如，砂性土地基正好与黏性土地基相反，底板与地基之间摩擦系数较大，有利于闸室稳定；但土壤颗粒之间无黏着力或黏着力很小，易产生管涌。故砂性土地基布置地下轮廓线的控制因素是如何防止渗透变形。当地基砂层很厚时，一般采用铺盖加板桩的形式来延长渗径，以达到降低渗透坡降和渗透流速的目的。板桩多设在底板上游一侧的齿墙下端。若设置一道板桩不能满足渗径要求，则可在铺盖前端增设一道短板桩，以加长渗径。当砂层较薄，其下部又有相对不透水层时，可用板桩切入不透水层，切入深度一般不应小于 1.0 m。

防渗设施是指构成地下轮廓的铺盖、板桩及齿墙；而排水设施指铺设在护坦、浆砌石海漫底部或闸底板下游段起导渗作用的沙砾石层。排水设施常与反滤设施结合使用。

水闸的防渗有水平防渗和垂直防渗两种。水平防渗措施为铺盖；垂直防渗措施有板桩、灌浆帷幕、齿墙和混凝土防渗墙等。

（一）铺盖

铺盖有黏土和黏壤土铺盖、沥青混凝土铺盖、钢筋混凝土铺盖等。

1.黏土和黏壤土铺盖

铺盖与底板连接处为薄弱部位，可在该处将铺盖加厚；也可将底板前端做成倾斜面，使黏土能借自重及其上的荷载与底板紧贴；还可在连接处铺设油毛毡等止水材料，一端用螺栓固定在斜面上，另一端埋入黏土中。为了防止铺盖在施工期间遭受破坏和在运行期间被水流冲刷，应在其表面铺砂层，然后在砂层上再铺设单层或双层块石护面。

2.沥青混凝土铺盖

沥青混凝土铺盖的厚度一般为 5～10 cm，在与闸室底板连接处应适当加厚，接缝多为搭接形式。为提高铺盖与底板间的黏结力，可在底板混凝土面先涂一层稀释的沥青乳胶，再涂一层较厚的纯沥青。沥青混凝土铺盖可以不分缝，但要分层浇筑和压实，各层的浇筑接缝要错开。

3.钢筋混凝土铺盖

钢筋混凝土铺盖的厚度不宜小于 0.4 m，且在其与底板连接处应加厚至 0.8～1.0 m，并用沉降缝分开，缝中设止水。在顺水流和垂直水流的流向上均应设沉降缝，沉降缝的间距不宜超过 15～20 m。在接缝处应局部加厚，并设止水。用作阻滑板的钢筋混凝土铺盖，因在垂直水流流向上有施工缝，可不设沉降缝。

（二）板桩

板桩长度视地基透水层的厚度而定。当透水层较薄时，可用板桩截断，并插入不透水层至少 1.0 m。若不透水层埋藏很深，则板桩的深度一般采用 0.6～1.0 倍水头。制作板桩的材料有木材、钢筋混凝土及钢材三种。

板桩与闸室底板的连接形式有两种：一种是把板桩紧靠底板前缘，顶部嵌入黏土铺盖一定深度；另一种是把板桩顶部嵌入底板底面特设的凹槽内，柱顶填塞可塑性较大的不透水材料。前者适用于闸室沉降量较大，板桩桩尖已插入坚实土层的情况；后者适用于闸室沉降量小，板桩桩尖未达到坚实土层的情况。

（三）齿墙

闸底板的上下游端一般均设有浅齿墙，用来增强闸室的抗滑稳定性，并可延长渗径。齿墙一般深 1.0 m 左右。

（四）排水层及反滤层

排水层一般采用粒径 1～2 cm 的卵石、砾石或碎石平铺在护坦和浆砌石海漫的底部，或伸入底板下游齿墙前方，厚约 0.2～0.3 m。排水层与地基接触处（即渗流出口附近）容易发生渗透变形，应做好反滤层。

近年来，垂直防渗设施在我国有了较大发展，就地浇筑混凝土防渗墙、灌注式水泥砂浆帷幕以及用高压旋喷法构筑防渗墙等方法已成功应用于水闸建设。

四、水闸的消能、防冲

当水闸泄水时，部分势能转化为动能，流速增大，而土质河床抗冲能力弱，所以闸下冲刷是普遍现象。为了防止下泄水流对河床的有害冲刷，除了加强运行管理，还必须采取必要的消能、防冲等工程措施。水闸的消能、防冲设施主要有以下几种形式：

（一）底流消能工

平原地区的水闸，由于水头低，下游水位变幅大，一般都采用底流式消能。消力池是水闸的主要消能区域。

底流消能工的作用是通过在闸下产生一定淹没度的水跃来保护水跃范围内的河床免遭冲刷。

当尾水深度不能满足要求时，可采取降低护坦高程，在护坦末端设消力坎，或既降低护坦高程又建消力坎等措施形成消力池。有时还可在护坦上设消力墩等辅助消能工。

消力池布置在闸室之后，池底与闸室底板之间用 1∶（3～4）的斜坡连接。为防止产生波状水跃，可在闸室之后留一水平段，并在其末端设置一道小槛；为防止产生折冲水流，还可在消力池前端设置散流墩。如果消力池深度不大（1.0 m 左右），常把闸门后的闸室底板用 1∶3 的坡度降至消力池底的高程，作为消力池的一部分。

在消力池末端一般布置尾槛，用以调整流速分布，减小出池水流的底部流速；且可在槛后产生小横轴旋滚，防止在尾槛后发生冲刷，并有利于平面扩散和消减下游的边侧回流。

在消力池中除尾槛外，有时还设有消力墩等辅助消能工，以使水流受阻，给水流以反力，使其在墩后形成涡流，加强水跃中的紊流扩散，从而达到稳定水跃，减小和缩短消力池深度和长度的作用。

设在消力池前部或后部的消力墩，消能作用不同。消力墩可做成矩形或梯形，设两排或三排交错排列，墩顶应有足够的淹没水深，墩高约为跃后水深的1/5～1/3。在出闸水流流速较高的情况下，消力墩宜设在消力池后部。

（二）海漫

在护坦后，应设置海漫等防冲加固设施，以使水流均匀扩散，并将流速分布逐步调整到接近天然河道的水流形态。

一般在海漫起始段做5～10 m长的水平段，其顶面高程可与护坦齐平或在消力池尾槛顶以下0.5 m左右；在水平段后做成不陡于1∶10的斜坡，以使水流均匀扩散，调整流速分布，保护河床不受冲刷。

对海漫的要求有：表面有一定的粗糙度，以利于进一步消除余能；具有一定的透水性，以使渗水自由排出，降低扬压力；具有一定的柔性，以适应下游河床可能的冲刷变形。

常用的海漫结构有：干砌石海漫、浆砌石海漫、混凝土板海漫、钢丝石笼海漫及其他形式的海漫。

（三）防冲槽及末端加固

为保证安全和节省工程量，常在海漫末端设置防冲槽、防冲墙或其他加固设施。

1.防冲槽

防冲槽的作用机理如下：在海漫末端预留足够的粒径大于30 cm的石块，当水流冲刷河床，沿冲刷坑向预计的深度逐渐发展时，预留在海漫末端的石块将沿冲刷坑的斜坡陆续滚下，散铺在冲刷坑的上游斜坡上，自动形成护面，使冲刷不再向上扩展。

2.防冲墙

防冲墙有齿墙、板桩、沉井等形式。齿墙的深度一般为1～2 m，适用于冲刷坑深度较小的工程。如果冲刷坑深度较大，河床为粉、细砂，则宜采用板桩、井柱或沉井。

（四）翼墙与护坡

与翼墙连接的一段河岸，由于水流流速较大，且可能产生回流旋涡，需加做护坡。护坡在靠近翼墙处常做成浆砌石护坡，然后接以干砌石护坡，保护范围稍大于海漫，包括预计冲刷坑的侧坡。干砌石护坡应每隔6～10 m设置混凝土埂或浆砌石埂一道，其断面尺寸约为30 cm×60 cm。在护坡的坡脚以及护坡与河岸土坡交接处应做深0.5 m的齿墙，以防回流淘刷，以更好地保护坡顶。在护坡下面应铺设厚度各为10 cm的卵石及粗砂垫层。

五、水闸与两岸的连接建筑物

水闸与两岸的连接建筑物主要包括边墩和岸墙、翼墙、刺墙等。这些建筑物的布置应考虑防渗、排水设施的布置。

（一）边墩和岸墙

建在较为坚实的地基上、高度不大的水闸，可用边墩直接与两岸或土坝连接。边墩与闸室底板的连接，可以是整体式的，也可以是分离式的，具体视地基条件而定。边墩可做成重力式、悬臂式或扶壁式。

在闸身较高且地基软弱的条件下，如仍用边墩直接挡土，则由于边墩与闸身地基所受的荷载悬殊，可能产生较大的不均匀沉降，影响闸门启闭，在底板内引起较大的应力，甚至使其产生裂缝，此时可在边墩背面设置岸墙。边墩与岸墙之间用缝分开，边墩只起支承闸门及上部结构的作用，而土压力则全部由岸墙承担。岸墙可做成悬臂式、扶壁式、空箱式或连拱式。

（二）翼墙

上游翼墙的平面布置要考虑上游进水条件和防渗设施等，上端插入岸坡，墙顶要超出最高水位至少 0.5～1.0 m。当泄洪过闸落差很小、流速不大时，为减小翼墙工程量，墙顶也可淹没在水下。若铺盖前端设有板桩，还应将板桩顺翼墙底延伸到翼墙的上游端。

根据地基条件，翼墙可做成重力式、悬臂式、扶臂式或空箱式等形式。在松软地基上，为减小边荷载对闸室底板的影响，在靠近边墩的一段宜用空箱式。

对于边墩不挡土的水闸，也可不设翼墙，而是采用引桥与两岸连接，在岸坡与引桥桥墩间设固定的挡水墙，在靠近闸室附近的上下游两侧岸坡采用钢筋混凝土、混凝土或浆砌块石护坡，再向上下游延伸接以块石护坡。

此外，两岸的防渗布置必须与闸底地下轮廓线的布置相协调。上游翼墙与铺盖以及翼墙插入岸坡部分的防渗布置，在空间上应连成一体。若铺盖长于翼墙，在岸坡上也应设铺盖，或在伸出翼墙范围的铺盖侧部加设垂直防渗设施。

在下游翼墙的墙身上应设置排水设施，形式有排水孔、连续排水垫层等。

（三）刺墙

当侧向防渗长度难以满足要求时，可在边墩后设置插入岸坡的防渗刺墙。有时为防止在填土与边墩、翼墙接触面间产生集中渗流，也可做一些短的刺墙。

六、水闸主体结构的施工

水闸主体结构施工主要包括底板、闸墩、闸门、门槽、启闭机及沉降缝处理等方面的施工或安装。

为了尽量减少不同部位混凝土浇筑时的相互干扰，安排混凝土浇筑施工次序时，须注意以下几个方面：

一是先深后浅：先浇深基础，后浇浅基础，以避免浅基础混凝土产生裂缝。

二是先重后轻：荷重较大的部位优先浇筑，待其完成部分沉陷后，再浇相邻荷重较小的部位，以减小两者之间的不均匀沉陷。

三是先主后次：优先浇筑上部结构复杂、工种多、工序时间长、对工程整体影响大的部位或浇筑块。

四是穿插进行：在优先安排主要关键项目、部位的前提下，见缝插针，穿插浇筑一些次要、零星的项目或部位。

（一）底板施工

水闸平底板和反拱底板均为常用的水闸底板。平底板、反拱底板虽都是混凝土浇筑，但施工方法并不一样。

1.平底板的施工

（1）浇筑块划分

混凝土水闸底板常由沉降缝和温度缝分为许多结构块，施工时应尽量利用结构缝分块。当永久缝间距很大、所划分的浇筑块面积太大，以致混凝土拌和运输能力或浇筑能力满足不了需要时，可设置一些施工缝，将浇筑块面积划小些。浇筑块的大小可根据施工条件，在体积、面积及高度三个方面进行控制。

（2）混凝土浇筑

闸室地基处理后，软基上多先铺筑素混凝土垫层 8～10 cm，以保护地基，找平基面。在浇筑底板前，应先进行扎筋、立模、搭设仓面脚手架和清仓等工作。

在浇筑底板时，运送混凝土入仓的方法很多。用载重汽车装载立罐通过履带式起重机吊运入仓，用自卸汽车通过卧罐、履带式起重机入仓，是两种常见的方法。当采用上述两种方法时，都不需要在仓面搭设脚手架。一般中小型水闸，常采用手推车或机动翻斗车等运输工具运送混凝土入仓，且需在仓面搭设脚手架。

水闸平底板的混凝土浇筑，一般采用平层浇筑法。但当底板厚度不大，搅拌站的生产能力受到限制时，亦可采用斜层浇筑法。

底板混凝土的浇筑，一般先浇上下游齿墙，然后再从一端向另一端浇筑。当底板混凝土方量较大，且底板顺水流长度在 12 m 以内时，可安排两个作业组分层浇筑。两组先同时浇筑下游齿墙，待齿墙浇平后，将第一组调至上游齿墙，第二组自下游向上游浇筑第一坯底板；在上游齿墙浇筑完成后，立即将第一组调到下游浇筑第二坯，第一组浇筑完第一坯底板后浇筑第三坯底板。这样交替连环浇筑可缩短每坯间隔时间，加快进度，避免产生冷缝。

钢筋混凝土底板，往往有上下两层钢筋。在进料口处，上层钢筋易被砸变形。故在开始浇筑混凝土时，该处上层钢筋可暂不绑扎，待混凝土浇筑面将要到达上层钢筋位置时，再进行绑扎，以免因校正钢筋变形延误浇筑时间。

2.反拱底板的施工

（1）施工程序

由于反拱底板对地基的不均匀沉陷反应敏感，因此必须注意施工程序。目前常用的施工程序主要有以下两种：

一是先浇筑闸墩及岸墙，后浇筑反拱底板。为避免水闸各部分在自重作用下产生不均匀沉陷造成的底板开裂，应尽量将自重较大的闸墩、岸墙先浇筑到顶（以基底不出现塑性区域为限），接缝钢筋应预埋在墩墙底板中，岸墙应及早夯填到顶。此法目前应用较多，黏性土或砂性土地基均适用。

二是反拱底板与闸墩、岸墙底板同时浇筑。此法适用于地基较好的水闸，虽然对反拱底板的受力性能较为不利，但能保证建筑的整体性，同时减少施工工序，便于施工安排。对于缺少有效排水措施的砂性土地基，应用此法更为有利。

（2）施工要点

反拱底板施工的要点主要有以下几点：

第一，由于反拱底板采用土模，因此必须做好基坑排水工作，尤其是砂土地基，不做好排水工作，拱模控制将很困难。

第二，在挖模前应将基土夯实，再按设计要求放样开挖；在土模挖好后，应在其上先铺一层厚约 10 cm 的砂浆，并在其具有一定强度后加盖保护，以待浇筑混凝土。

第三，若采用第一种施工程序，在浇筑闸墩、岸墙底板时，应将接缝钢筋一头埋在闸墩、岸墙底板之内，另一头插入土模中，以备下一阶段浇筑反拱底板。在闸墩、岸墙浇筑完毕后，应尽量推迟底板的浇筑，以便闸墩、岸墙基础有更多的时间沉实。反拱底板尽量在低温季节浇筑，以减小温度应力。闸墩底板与反拱底板的接缝按施工缝处理，以保证其整体性。

第四，若采用第二种施工程序，为了减少不均匀沉降对整体浇筑的反拱底板的不利影响，可在拱脚处预留一缝，缝底设临时铁皮止水，缝顶设“假铰”，待大部分上部结构荷载施加以后，便在低温期用二期混凝土封堵。

第五，为了保证反拱底板的受力性能，在拱腔内浇筑的门槛、消力坎等构件，需在底板混凝土凝固后浇筑二期混凝土，且不应使两者成为一个整体。

（二）闸墩施工

由于闸墩高度大、厚度小，门槽处钢筋较密，闸墩相对位置要求严格，所以闸墩的立模与混凝土浇筑是施工中的主要难点。

1.闸墩模板安装

为使闸墩混凝土一次浇筑达到设计高程，闸墩模板不仅要有足够的强度，而且要有足够的刚度。以往，闸墩模板安装多采用“铁板螺栓、对拉撑木”的立模支撑方法。此法虽需耗用大量木材（相对木模板而言）和钢材，工序繁多，但对于中小型水闸施工仍较为方便。后来，随着混凝土施工技术的发展，有条件的施工单位，在闸墩混凝土浇筑中开始采用翻模施工方法。

（1）“铁板螺栓、对拉撑木”的模板安装

在立模前，应准备好固定模板的对销螺栓、空心钢管等。常用的对销螺栓有两种形式：一种是两端都有螺纹的圆钢；另一种是一端带螺纹，另一端焊接上一块5 mm×40 mm×400 mm的扁铁的螺栓，扁铁上钻两个圆孔，以便将其固定在对拉撑木上。空心钢管可用长度等于闸墩厚度的毛竹或与之厚度相同的混凝土撑头代替。

在闸墩立模时，其两侧模板要同时相对进行；应先立平直模板，后立墩头模板。在闸底板上架立第一层模板时，必须保持模板上口水平。在闸墩两侧模板上，每隔1 m左右钻与螺栓直径相应的圆孔，并于模板内侧对准圆孔撑以毛竹或混凝土撑头，然后将螺栓穿入，且两头穿出横向围囹和竖向围囹，然后用螺帽固定在竖向围囹上。铁板螺栓带扁铁的一端与水平拉撑木相接，与两端螺丝的螺栓相间布置。

（2）翻模施工

当采用翻模施工法立模时，一次至少立三层，当第二层模板内混凝土浇筑至腰箍下缘时，第一层模板内腰箍以下部分的混凝土须达到脱模强度，这样便可拆掉第一层，去架立第四层模板，并绑扎钢筋。依次类推，可保持混凝土浇筑的连续性，以避免产生冷缝。

2.混凝土浇筑

在闸墩模板立好后，应立即进行清仓工作。清仓应用高压水冲洗模板内侧和闸墩底面，污水则由底层模板的预留孔排出，在清仓完毕后，堵塞预留孔，即可进行混凝土浇筑。

闸墩混凝土的浇筑，主要是解决好两个问题：一是每块底板上闸墩混凝土的均衡上升；二是流态混凝土的入仓及仓内混凝土的铺筑。当落差大于 2 m 时，为防止流态混凝土下落产生离析，应在仓内设置溜管，可每隔 2～3 m 设置一组。可把仓内浇筑面分划成几个区段，分段进行浇筑。每坯混凝土厚度可控制在 30 cm 左右。

（三）闸门的安装

闸门是水工建筑物的孔口上用来调节流量、控制上下游水位的活动结构。它是水工建筑物的一个重要组成部分。

闸门按其结构形式可分为平面闸门、弧形闸门及人字闸门三种。闸门按门体的材料可分为钢闸门、钢筋混凝土闸门、钢丝网水泥闸门、木闸门及铸铁闸门等。

所谓闸门安装，是将闸门及其埋件装配、安置在设计部位。由于闸门结构的不同，各种闸门的安装，如平面闸门、弧形闸门和人字闸门的安装略有差异，但一般可分为埋件安装和门叶安装两部分。

1.平面闸门安装

关于平面闸门安装，笔者以平面钢闸门的安装为例进行介绍。

平面钢闸门的闸门主要由面板、梁格系统、支承行走部件、止水装置和吊具等组成。

（1）埋件安装

闸门的埋件是指埋设在混凝土内的门槽固定构件，包括底槛、主轨、侧轨、反轨和门楣等。埋件的安装顺序如下：①设置控制点线，清理、校正预埋螺栓；②吊入底槛并调整其中心、高程、里程和水平度，经调整、加固、检查合格后，浇筑底槛二期混凝土；②设置主轨、侧轨、反轨安装控制点，吊装主轨、侧轨、反轨和门楣并调整各部件的高程、中心、里程、垂直度及相对尺寸，经调整、加固、检查合格后，分段浇筑二期混凝土；③在二期混凝土拆模后，复测埋件的安装精度和二期混凝土槽的断面尺寸，超出允许误差的部位需进行处理，以防闸门关闭不严、出现漏水等情况。

（2）门叶安装

若门叶尺寸小，则在工厂制成整体运至现场，经复测检查合格，装上止水橡皮等附件后，直接吊入门槽；若门叶尺寸大，由工厂分节制造，运到工地后，在现场组装。

在组装闸门门叶时，要严格控制门叶的平直度和各部件的相对尺寸。分节门叶的节间连接通常采用焊接、螺栓连接、销轴连接三种方式。

分节门叶的节间如果是螺栓和销轴连接的闸门，若起吊能力不够，在吊装时需将已组成的门叶拆开，分节吊入门槽，在槽内再连接成整体。

在闸门安装完毕后，需做全行程启闭试验，达到门叶启闭灵活无卡阻现象、闸门关闭严密、漏水量不超过允许值的要求。

2.弧形闸门安装

弧形闸门由弧形面板、梁格系统和支臂组成。弧形闸门，根据其安装高低位置不同，分为露顶式弧形闸门和潜孔式弧形闸门。

（1）露顶式弧形闸门安装

露顶式弧形闸门包括底槛、侧止水座板、侧轮导板、铰座和门体。安装顺序如下：①在一期混凝土浇筑时预埋铰座基础螺栓。为保证铰座的基础螺栓安装准确，可用钢板或型钢将每个铰座的基础螺栓组焊在一起，进行整体安装、调整、固定。②埋件安装。先在闸孔混凝土底板和闸墩边墙上放出各埋件的位置控制点，接着安装底槛、侧止水座板、侧轮导板和铰座，并浇筑二期混凝土。③门体安装。门体安装有分件安装和整体安装两种方法。分件安装是先将铰链吊起，插入铰座，在空间穿轴，再吊起支臂用螺栓将其与铰链连接；也可先将铰链和支臂组成整体，再吊起插入铰座进行穿轴；若起吊能力许可，还可在地面穿轴后，再整体吊入。在两个支臂装好后，将其调至同一高程，再将面板分块装于支臂上，在调整合格后，进行面板焊接，并将支臂端部与面板相连的连接板焊好。在门体装完后，应起落 2 次，使其处于自由状态；然后安装侧止水橡皮，补刷油漆；最后再启闭弧形闸门检查有无卡阻和止水不严现象。整体安装在闸室附近搭设的组装平台上进行，具体过程如下：将两个已分别与铰链连接的支臂按设计尺寸用撑杆连成一体；再于支臂上逐个吊装面板，将整个面板焊好，经全面检查合格后，拆下面板，将两个支臂整体运入闸室，吊起插入铰座，进行穿轴；而后吊装面板。此法一次起吊重量大，在两个支臂组装时，其中心距要严格控制，否则会给穿轴带来困难。

（2）潜孔式弧形闸门安装

设置在深孔和隧洞内的潜孔式弧形闸门，顶部有混凝土顶板和顶止水，其埋件除与露顶式弧形闸门相同的部分外，一般还有铰座钢梁和顶门楣。

潜孔式弧形闸门的安装顺序为：①铰座钢梁宜和铰座组成整体，吊入二期混凝土的预留槽中安装。②埋件安装。潜孔式弧形闸门是在闸室内安装的，故在浇筑闸室一期混凝土时，就须将锚钩埋好。③门体安装。门体安装方法与露顶式弧形闸门基本相同，可以分体装，也可整体装。在门体装完后要起落数次，根据实际情况，调整顶门楣，使弧形闸门在启闭过程中不发生卡阻现象，同时门楣上的止水橡皮能和面板接触良好，以免启闭过程中门叶顶部发生涌水现象。在调整合格后，浇筑顶门楣二期混凝土。④钢板衬砌的安装。为防止闸室混凝土在流速高的情况下发生空蚀和冲蚀，有的闸室内壁设钢板衬砌。钢板衬砌可在浇筑二期混凝土时安装，也可在浇筑一期混凝土时安装。

（3）导轨安装及二期混凝土浇筑

弧形闸门的启闭是通过绕水平轴转动实现的，转动轨迹由支臂控制，所以不设门槽。但为了减小启闭力，在闸门两侧亦设置转轮或滑块，因此有导轨的安装及二期混凝土浇筑。

为了便于导轨安装，在浇筑闸墩时，应根据导轨的设计位置预留 20 cm×80 cm 的凹槽，槽内埋设两排钢筋，便于用焊接的方法固定导轨。在安装导轨前应对预埋钢筋进行校正，并在预留槽两侧、垂直闸墩侧面设立能控制导轨安装垂直度的若干对称控制点。在安装时，先将校正好的导轨分段与预埋的钢筋临时点焊接数点，待按设计坐标位置逐一校正无误，并根据垂直平面控制点用样尺检验调整导轨垂直度后，再电焊牢固，最后浇筑二期混凝土。

3.人字闸门安装

人字闸门由底枢装置、顶枢装置、支枕装置、止水装置和门叶组成。人字闸门的安装可分埋件安装和门叶安装两部分。

（1）埋件安装

人字闸门的埋件包括底枢轴座、顶枢埋件、枕座、底槛和侧止水座板等。安装顺序为：①设置控制点，校正预埋螺栓，在底枢轴座预埋螺栓上加焊调节螺栓和垫板；②将埋件分别布置在不同位置，根据已设的控制点进行调整，在符合要求后，加固并浇筑二期混凝土；③为保证底止水安装质量，在门叶全部安装完毕后进行启闭试验时安装底槛，在安装时以门叶实际位置为基准，并根据门叶关闭后止水橡皮的压缩程度适当调整底槛，在合格后浇筑二期混凝土。

（2）门叶安装

首先在底枢轴座上安装半圆球轴（蘑菇头），同时测出门叶的安装位置，一般设置在与闸门全开位置呈 120°～130°的夹角处。门叶的安装须有两个支点，底枢半圆球轴为一支点，在接近斜接柱的纵梁隔板处用方木或型钢铺设另一临时支点。根据门叶大小、运输条件和现场吊装能力，门叶安装通常采用整体吊装、现场组装和分节吊装三种安装方法。

（四）门槽二期混凝土施工

采用平面闸门的中小型水闸，在闸墩部位都设有门槽。为了减小闸门的启闭力，门槽部分的混凝土中埋有导轨等铁件。

这些铁件的埋设可采取预埋或留槽后浇筑混凝土两种方法。小型水闸的导轨铁件较小，可在闸墩立模时将其预先固定在模板的内侧，在闸墩浇筑混凝土时，导轨等铁件即埋入混凝土中。大中型水闸的导轨较大、较重，在模板上固定较为困难，宜采用预留槽后浇筑二期混凝土的施工方法。

1.门槽垂直度控制

门槽必须垂直，所以在立模及浇筑过程中应随时用吊锤校正。在校正时，可在门槽模板顶端内侧钉一根大铁钉（钉入 2/3 长度），然后把吊锤系在铁钉端部，待吊锤静止后，用钢尺量取上部与下部吊锤线到模板内侧的距离，如相等则该模板垂直，否则按照偏斜方向予以调整。

2.门槽二期混凝土浇筑

在闸墩立模时，应于门槽部位留出较门槽尺寸大的凹槽。在闸墩浇筑混凝土时，应预先将导轨基础螺栓按设计要求固定于凹槽的侧壁及正壁模板，待模板拆除后基础螺栓即埋入混凝土中。

在导轨安装前，要对基础螺栓进行校正，在安装过程中必须随时用吊锤进行校正，使其垂直。在导轨就位后即可立模浇筑二期混凝土。

闸门底槛设在闸底板上，在施工初期浇筑底板时，若相关埋件不能完工，也可在闸底板上留槽浇筑二期混凝土。

在浇筑二期混凝土时，应采用较细骨料混凝土，并细致捣固，不得振动已装好的金属构件。当门槽较高时，不要直接从高处下料，可以分段安装和浇筑。在二期混凝土拆模后，应对埋件进行复测，并作好记录，同时检查混凝土表面尺寸，清除遗留的杂物、钢筋头，以免影响闸门启闭。

（五）启闭机的安装

将启闭闸门的起重设备装配、安置在设计确定部位的过程称作闸门启闭机安装。

1.固定式启闭机的安装

固定式启闭机安装的一般程序如下：①埋设基础螺栓及支撑垫板；②安装机架；③浇筑基础二期混凝土；④在机架上安装提升机构；⑤安装电气设备和保护元件；⑥联结闸门作启闭机操作试验，确保各项技术参数和继电保护值达到设计要求。

（1）卷扬式启闭机的安装

卷扬式启闭机由电动机、减速箱、传动轴和绳鼓组成。卷扬式启闭机是由电力或人力驱动减速齿轮，从而驱动缠绕钢丝绳的绳鼓，借助绳鼓的转动收放钢丝绳实现闸门升降的。

卷扬式启闭机的安装顺序如下：①在水工建筑物混凝土浇筑时埋入机架基础螺栓和支撑垫板，在支撑垫板上放置调整用楔形板；②安装机架，按闸门实际起吊中心线调整机架的中心、水平、高程，拧紧基础螺母，浇筑基础二期混凝土固定机架；③在机架上安装、调整传动装置，包括电动机、弹性联轴器、制动器、减速器、传动轴、齿轮联轴器、开式齿轮、轴承和卷筒等的安装和调整。

卷扬式启闭机的调整顺序为：①按闸门实际起吊中心找正卷筒的中心线和水平线，并将卷筒轴的轴承座螺栓拧紧；②以与卷筒相连的开式大齿轮为基础，使减速器输出端开式小齿轮与大齿轮啮合正确；③以减速器输入轴为基础，安装带制动轮的弹性联轴器，调整电动机位置使联轴器两个部分的同心度和垂直度符合技术要求；④根据制动轮的位置，安装与调整制动器，若为双吊点启闭机，要保证传动轴与两端齿轮联轴节的同轴度；⑤在传动装置全部安装完毕后，检查传动系统动作的准确性、灵活性，并检查各部分的可靠性；⑥安装排绳装置、滑轮组、钢丝绳、吊环、扬程指示器、行程开关、过载限制器、过速限制器及电气操作系统等。

（2）螺杆式启闭机的安装

螺杆式启闭机是中小型平面闸门普遍采用的启闭机，由摇柄、主机和螺栓组成。螺杆的下端与闸门的吊头连接，上端利用螺杆与承重螺母相扣合。当承重螺母通过与其连接的齿轮被外力（电动机或手摇）驱动而旋转时，驱动螺杆做垂直升降运动，从而启闭闸门。

螺杆式启闭机的安装过程包括基础埋件安装、启闭机安装、启闭机单机调试和启闭机负荷试验。

在安装前，先检查启闭机各传动轴、轴承及齿轮的转动灵活性和啮合情况，着重检查螺母螺纹的完整性，若必要应进行妥善处理；随后检查螺杆的平直度，每米长弯曲超过 0.2 mm 或有明显弯曲处可用压力机进行机械校直。螺杆螺纹容易碰伤，因此要逐圈进行检查和修正。待无异状后，在螺纹外表涂以润滑油脂，并将其拧入螺母，进行全行程的配合检查，不合适处应修正螺纹。待检查无误后，将螺杆螺母整体竖立，吊入机架或工作桥上就位，以闸门吊耳找正螺杆下端连接孔，并进行连接。同时，挂一线锤，以螺杆下端头为准，移动螺杆式启闭机底座，使螺杆处于垂直状态。对于双吊点的螺杆式启闭机，应在两侧螺杆找正后，安装中间同步轴，待螺杆找正和同步轴连接合格后，最后才能固定机座。

此外，对于电动螺杆式启闭机，安装电动机及其操作系统后应做电动操作试验等。

（3）液压式启闭机的安装

液压式启闭机由机架、油缸、油泵、阀门、管路、电机和控制系统等组成。

液压式启闭机通常在制造厂总装并试验合格后被整体运到工地，若运输保管得当，且出厂不满一年，可直接进行整体安装；否则，要在施工现场进行分解、清洗、检查、处理和重新装配。液压式启闭机的安装程序如下：①安装基础螺栓，浇筑混凝土；②安装和调整机架；③将油缸吊装于机架上，并调整固定；④安装液压站与油路系统；⑤滤油和充油；⑥启闭机调试及与闸门联调。

2.移动式启闭机的安装

移动式启闭机安装的一般程序如下：①埋设轨道基础螺栓；②安装行走轨道，并浇筑二期混凝土；③在轨道上安装大车构架及行走台车；④在大车梁上安装小车轨道、小车架、小车行走机构和提升设备；⑤安装电气设备和保护元件；⑥进行空载运行及负荷试验，保证各项技术参数和继电保护值达到设计要求。

移动式启闭机安装在坝顶或尾水平台上，能沿轨道移动，用于启闭多台工作闸门和检修闸门。移动式启闭机行走轨道均采取嵌入混凝土的方式：首先在一期混凝土中埋入基础调节螺栓，经位置校正后，安放下部调节螺母及垫板；然后逐根吊装轨道，调整轨道高程、中心、轨距及接头错位，再用上压板和夹紧螺母紧固；最后分段浇筑二期混凝土。

（六）沉降缝处理

为了适应地基的不均匀沉降和伸缩变形，在水闸设计中均设置温度缝与沉降缝，并常用沉降缝代替温度缝。沉降缝有垂直和水平两种，缝宽一般为1.0～2.5 cm，缝中填料或设置止水设施。

1.沉降缝填料的施工

沉降缝的填充材料，常用的有沥青油毛毡、沥青杉木板及泡沫板等。填料的方法有两种：

一种是先将填料用铁钉固定在模板内侧后，再浇混凝土，拆模后填料即粘在混凝土面上；然后再浇另一侧混凝土，填料即牢固地嵌入沉降缝内。如果沉降缝两侧的结构需要同时浇灌，则沉降缝的填充材料在施工时要竖立平直，沉降缝两侧浇筑的流态混凝土的上升高度要一致。

另一种是先在沉降缝的一侧立模浇筑混凝土，并在模板内侧预先钉好数排安装填充材料的长铁钉，使铁钉的1/3留在混凝土外面；然后安装填料、敲弯铁尖，使填料固定在混凝土面上；最后立另一侧模板和浇筑混凝土。

2.止水设施施工

凡是位于防渗范围内的沉降缝中，都应设置止水设施。止水包括水平止水和垂直止水，常用的设施有止水带和止水片。

水平止水大都采用塑料止水带，其施工方法与沉降缝填料的施工一样。

常用的止水片为金属片，一般用铝片、镀锌铁皮或镀铜铁皮等，重要部分可用紫铜片。

对于需灌注沥青的沉降缝，可按照沥青井的形状预制混凝土槽板，其每节长度可为 0.3～0.5 m，与流态混凝土的接触面应凿毛，以利接合。沥青井的沥青可一次灌注，也可分段灌注。这类沉降缝止水片在安装时需涂抹水泥砂浆，随缝的上升分段接高。

止水片的交叉有两类：一是垂直交叉（指垂直缝与水平缝的交叉），二是水平交叉（指水平缝与水平缝或垂直缝与垂直缝的交叉）。交叉处止水片的连接方式也可分为两种：一种是柔性连接，即将金属止水片的接头部分埋在沥青块体中；另一种是刚性连接，即将金属止水片剪裁后焊接成整体。在实际工程中可根据交叉类型及施工条件决定连接方法，如垂直交叉常用柔性连接，而水平交叉则多用刚性连接。

第二节　渠系主要建筑物施工

渠系建筑物是指为了安全输水、合理配水、精确量水，以达到灌溉、排水及其他用水目的而在渠道上修建的水工建筑物。下面对几种渠系主要建筑物及其特点和施工进行介绍。

一、渠系主要建筑物及其特点

（一）渠系主要建筑物

1.渠道

（1）渠道的分类

渠道按用途可分为灌溉渠道、动力渠道（引水发电用）、供水渠道、通航渠道和排水渠道等。

（2）渠道的横断面

渠道横断面的形状，土基上渠道的横断面多为梯形，两侧边坡的坡度根据土质情况和开挖深度或填筑高度确定，一般为1∶（1～2）；岩基上渠道的横断面接近矩形。

断面尺寸取决于设计流量和不冲、不淤流速，可根据给定的设计流量、纵坡等用明渠均匀流公式计算确定。

实践证明，对渠道进行砌护防渗，不仅可以消除渗漏带来的危害，还能减小渠道糙率，提高输水能力和抗冲能力，从而可以减少渠道断面及渠系建筑物的尺寸。

为减小渗漏量、降低渠床糙率，可在渠床加做护面。护面的材料主要有砌石、黏土、灰土、混凝土以及防渗膜等。

2.渡槽

（1）渡槽的作用和组成

渡槽是指在渠道跨越河、沟、路或洼地时修建的过水桥。它由进口段、槽身、支承结构、基础和出口段等部分组成。

渡槽与倒虹吸管相比，具有水头损失小、便于运行管理等优点。在渠道绕线或高填方方案不经济时，往往优先考虑渡槽方案。渡槽是渠系建筑物中应用最广的交叉建筑物之一。

渡槽除能输送渠水外，还可用于排洪和导流等方面。当挖方渠道与冲沟相交时，为防止山洪及泥沙入渠，可在渠道上修建排洪渡槽；当在流量较小的河道上进行施工导流时，可在基坑上修建渡槽，以使上游来水通过渡槽泄向下游。

（2）渡槽的分类

根据支承结构的形式，渡槽可分为梁式渡槽和拱式渡槽两大类。

梁式渡槽的槽身搁置在槽墩或槽架上，槽身在纵向起梁的作用。梁式渡槽的跨度大小与地形、地质条件、支撑高度、施工方法等因素有关，一般不大于20 m，常采用8～15 m。梁式渡槽的优点是结构比较简单，施工较方便。当跨度较大时，可采用预应力混凝土结构。

当槽身支承在拱式支承结构上时，称为拱式渡槽。拱式渡槽的支承结构由槽墩、主拱圈、拱上结构组成。主拱圈主要承受压应力，可用抗拉强度小而抗压强度大的材料（如石料、混凝土等）建造，并可用于大跨度渡槽。

（3）渡槽的整体布置

渡槽的整体布置包括槽址选择、结构选型和进出口段的布置。

渡槽的槽址选择应综合考虑地形、地质条件、排洪或导流需求、技术经济性等因素。

梁式渡槽的槽身横断面常用矩形和 U 形，矩形槽身可用浆砌石或钢筋混凝土建造。拱式渡槽的槽身一般为预制的钢筋混凝土 U 形槽或矩形槽。

为使槽内水流与渠道平顺衔接，在渡槽的进出口需要设置渐变段。

3.倒虹吸管

倒虹吸管是指当渠道横跨山谷、河流、道路时，为连接渠道而设置的压力管道，其形状如倒置的虹吸管。与渡槽相比，它具有造价低、施工方便等优点；但水头损失较大，运行管理不如渡槽方便。它适用于修建渡槽困难或需要高填方建渠道的场合；当渠道水位与所跨越的河流或路面高程接近时，也常用倒虹吸管方案。

倒虹吸管由进口段、管身和出口段三部分组成。

（1）进口段

进口段包括渐变段、闸门、拦污栅，有的工程还设有沉沙池。进口段要与渠道平顺衔接，以减少水头损失。渐变段可以做成扭曲面或八字墙等形式。闸门用于管内清淤和检修。不设闸门的小型倒虹吸管，可在进口侧墙上预留检修门槽，需用时临时插板挡水。拦污栅用于拦污和防止人畜落入渠内被吸进倒虹吸管。在多泥沙河流上，为防止渠道水流携带的粗颗粒泥沙进入倒虹吸管，可在闸门与拦污栅前常设置沉沙池。

（2）出口段

出口段的布置形式与进口段基本相同。单管可不设闸门；若为多管，可在出口段侧墙上预留检修门槽。出口渐变段比进口渐变段稍长。

（3）管身

管身断面可为圆形或矩形。圆形管因水力条件和受力条件较好，大中型工程多采用这种形式。矩形管仅用于水头较低的中小型工程。根据流量大小和运用要求，倒虹吸管可以设计成单管、双管或多管。在管路变坡或转弯处应设置镇墩。

4.涵洞

涵洞是指在渠道与溪谷、道路等交叉时，为宣泄溪谷来水或输送渠水，在填方渠道或道路下修建的交叉建筑物。

涵洞由进口段、洞身和出口段三部分组成。涵洞的顶部往往有填土。涵洞一般不设闸门，有闸门的涵洞称为涵洞式或封闭式水闸。进口段、出口段是洞身与渠道或沟溪的连接部分，其形式选择应使水流平顺地进出洞身，以减小水头损失。

小型涵洞的进口段、出口段都用浆砌石建造；大中型涵洞可采用混凝土或钢筋混凝土结构。为适应不均匀沉降，常用沉降缝与洞身分开，缝间设止水。

由于水流状态的不同，涵洞可能是无压的、有压的或半有压的。有压涵洞的特点是工作时水流充满整个洞身断面，洞内水流自进口至出口均处于有压流状态。无压涵洞是渠道上输水涵洞的主要形式，其特点是洞内水流具有自由表面，自进口至出口始终保持无压流状态。半有压涵洞的特点是进口洞顶水流封闭，但洞内的水流仍具有自由表面。

涵洞的形式一般是指洞身的形式。根据用途、工作特点、结构形式和建筑材料等，涵洞常分为圆形涵洞、箱形涵洞、盖板式涵洞及拱形涵洞等。圆形涵洞受力条件好，泄水能力强，宜于预制，适用于上面填土较厚的情况，为有压涵洞的主要形式。箱形涵洞多为四边封闭的矩形钢筋混凝土结构，当泄量大时可用双孔或多孔，适用于填土较浅的无压或低压涵洞。拱形涵洞顶部为拱形，也有单孔和多孔之分，常用混凝土和浆砌石做成，适用于填土高度及跨度较大而侧压力较小的无压涵洞。

5.跌水及陡坡

当渠道通过地面坡度较陡的地段或天然跌坎时，在落差集中处可建跌水或陡坡。使渠道上游水流自由跌落到下游渠道的落差建筑物称为跌水。使上游渠道沿陡槽下泄到下游渠道的落差建筑物称为陡坡。

根据地面坡度大小和上下游渠道落差的大小，可采用单级跌水或多级跌水，二者构造基本相同。跌水的上下游渠底高差称为跌差。一般土基上单级跌水的跌差小于 3～5 m，超过此值时宜做成多级跌水。

单级跌水一般由进口连接段、跌水口、跌水墙、侧墙、消力池和出口连接段组成。多级跌水的组成和构造与单级跌水相同，只是将消力池做成几个阶梯，各级落差和消力池长度都相等，使每级具有相同的工作条件，以便于施工。

陡坡的构造与跌水相似，不同之处是陡坡段代替了跌水墙。

（二）渠系主要建筑物的特点

渠系主要建筑物的特点如下：

第一，面广、量大、总投资多。渠系主要建筑物，一般规模不大，但数量多，总的工程量和造价在整个工程中所占比重较大。

第二，同一类型的渠系主要建筑物的工作条件一般较为相似。因此，在一个工程项目中可以较多采用同一种结构形式和施工方法，广泛采用定型设计和预制装配式结构。

二、渠系主要建筑物的施工

（一）渠道施工

渠道施工包括渠道开挖、渠堤填筑、渠道衬护等。渠道施工的特点是工程量大，施工线路长，场地分散，但工种单纯，技术要求较低。

1.渠道开挖

渠道开挖的施工方法有人工开挖、机械开挖和爆破开挖等。开挖方法的选择取决于技术条件、土壤特性、渠道横断面尺寸、地下水位等因素。渠道开挖的土方多堆在渠道两侧用作渠堤，因此铲运机、推土机等机械在渠道施工中应用广泛。

（1）人工开挖

渠道开挖首先要解决地表水或地下水对施工的干扰问题，办法是在渠道中设置排水沟。排水沟的布置既要方便施工，又要保证排水的通畅。

在干地上开挖，应自渠道中心向外，分层下挖，先深后宽。为方便施工、加快工程进度，在边坡处可先按设计坡度要求挖成台阶状，待挖至设计深度时再进行削坡。开挖后的弃土，应先行规划，尽量做到挖填平衡。人工开挖有一次到底法和分层下挖法两种方法。

一次到底法适用于土质较好，挖深 2～3 m 的渠道。在开挖时先将排水沟挖到低于渠底设计高程 0.5 m 处，然后按阶梯状向下逐层开挖至渠底。

分层下挖法适用于上质较软、含水量较高、渠道挖深较大的情况。用此方法，可将排水沟布置在渠道中部，逐层下挖排水沟，直至渠底。当渠道较宽时，可采用翻滚排水沟法，用此法施工，排水沟断面小，施工安全，施工布置灵活。

（2）机械开挖

推土机和铲运机渠道开挖的常用机械。

用推土机开挖的渠道深度一般不宜超过 1.5～2.0 m，填筑渠堤高度不宜超过 2～3 m，其边坡不宜陡于 1∶2。推土机还可用于平整渠底、清除腐殖土层、压实渠堤等。

铲运机最适宜开挖全挖方渠道或半挖半填渠道；对需要在纵向调配土方的渠道，如运距不远，也可用铲运机开挖。铲运机开挖渠道的开行方式有以下两种：

一是环形开行。当渠道开挖宽度大于铲土长度，而填土或弃土宽度又大于卸土长度时，可采用横向环形开行；反之，则采用纵向环形开行，铲土和填土位置可逐渐错动，以完成所需断面。

二是“8”字形开行。当工作前线较长、填挖高差较大时，则应采用“8”字形开行。进口坡道与挖方轴线间的夹角以40°～60°为宜，过大则重车转弯不便，过小则加大运距。

（3）爆破开挖

当采用爆破法开挖渠道时，药包可根据开挖断面的大小沿渠线布置成一排或几排。当渠底宽度大于深度的2倍以上时，应布置2～3排以上的药包，但最多不宜超过5排，以免爆破后回落土方过多。单个药包装药量及间距、排距应通过爆破试验确定。

2.渠堤填筑

渠堤填筑前要进行清基，清除基础范围内的块石、树根、草皮、淤泥等，并将基面略加平整，然后进行刨毛。若基础过于干燥，还应洒水湿润，然后再填筑。

筑堤用的土料，以土块小的湿润散土为宜，如砂质壤土或砂质黏土；若用多种土料，应将透水性小的土料填筑在迎水面，透水性大的土料填筑在背水面；土料中不得掺有杂质，并应保持一定的含水量，以利压实；严禁使用冻土、淤泥、净砂等。

填方渠道的取土坑与堤脚应保持一定距离，挖土深度不宜超过2 m，取土宜先远后近，并留有斜坡道以便运土。半填半挖渠道应尽量利用挖方填堤，只有当土料不足或土质不能满足填筑要求时，才从取土坑取土。

渠堤填筑应分层进行。每层铺土厚度以20～30 cm为宜，并应铺平、铺匀。每层铺土宽度应保证土堤断面略大于设计宽度，以免削坡后断面不足。堤顶应做成坡度为2%～4%的坡面，以利排水。填筑高度应考虑沉陷，一般可预加5%的沉陷量。

3.渠道衬护

渠道衬护就是用灰土、水泥土、块石、混凝土、沥青、塑料薄膜等材料在渠道内壁铺砌一层衬护。在选择衬护类型时，应考虑以下原则：防渗效果好，因地制宜，就地取材，施工简便，能提高渠道输水能力。

（1）灰土衬护

灰土由石灰和土料混合而成。衬护的灰土比一般为1∶（2～6）（重量比）。衬护厚度一般为20～40 cm。在灰土衬护施工时，先将过筛后的细土和石灰粉干拌均匀，再加水拌和，然后堆放一段时间，使石灰粉充分熟化，稍干后即可分层铺筑夯实，拍打坡面消除裂缝。灰土夯实后应养护一段时间再通水。

（2）砌石衬护

砌石衬护有三种形式：干砌块石、干砌卵石和浆砌块石。干砌块石用于土质较好的渠道，主要起防冲作用；浆砌块石用于土质较差的渠道，起抗冲防渗作用。

当用干砌卵石衬砌施工时，应先按设计要求铺设垫层，然后再砌卵石。砌筑卵石以外形稍带扁平而大小均匀的为好。在砌筑时应采用直砌法，即要求卵石的长边垂直于边坡或渠底，并砌紧、砌平、错缝。为了防止砌面被局部冲毁而扩大，应每隔 10～20 m 距离，用较大的卵石干砌或浆砌一道隔墙，隔墙深60～80 cm，宽 40～50 cm，以增加渠底和边坡的稳定性。渠底隔墙可砌成拱形，其拱顶迎向水流方向，以提高抗冲能力。

砌筑顺序应遵循“先渠底，后边坡”的原则。

在块石衬砌时，石料的规格一般以长 40～50 cm，宽 30～40 cm，厚度不小于 8～10 cm 为宜，且要求有一面平整。

（3）混凝土衬护

混凝土衬护由于防渗效果好，一般能减少 90%以上的渗漏量，耐久性强，糙率小，强度高，便于管理，适应性强，因而被广泛采用。

混凝土衬护有现场浇筑和预制装配两种形式。前者接缝少、造价低，适用于挖方渠段；后者受气候条件影响小，适用于填方渠段。

大型渠道的混凝土衬护多采用现浇法施工。在渠道开挖和压实后，先设置排水，铺设垫层，然后浇筑混凝土。在浇筑时按结构缝分段，一般段长为 10 m 左右，先浇渠底，后浇渠面。渠底一般多采用跳仓法浇筑。

装配式混凝土衬护，是在预制厂制作混凝土衬护板，运至现场后进行安装，然后灌注填缝材料。装配式混凝土预制板衬护，具有质量容易保证、施工受气候条件影响较小等优点；但接缝较多，且防渗、抗冻性能较差，故多用于中小型渠道。

（4）沥青衬护

常用的沥青衬护为沥青薄膜衬护。

沥青薄膜类衬护按施工方法可分为现场浇筑和装配式两种。现场浇筑的沥青薄膜类衬护又可分为喷洒沥青薄膜衬护和沥青砂浆薄膜衬护两种。

现场喷洒沥青薄膜衬护施工，首先要求将渠床整平、压实，并洒水少许，然后将 200 ℃的软化沥青用喷洒机具，在 354 kPa 压力下均匀喷洒在渠床上，形成厚 6～7 mm 的防渗薄膜。一般需喷洒两层以上，各层间需结合良好。喷洒沥青薄膜后，应及时进行质量检查和修补工作。最后在薄膜表面铺设保护层。

沥青砂浆薄膜衬护多用于渠底。在施工时先将沥青和砂浆分别加热，然后进行拌和，拌好后保持在 160～180 ℃，即行现场摊铺，然后用反复烫压，直至出油，再做保护层。

（5）塑料薄膜衬护

用于渠道防渗的塑料薄膜衬护的厚度以 0.12～0.20 mm 为宜。塑料薄膜衬护的铺设方式有表面式和埋藏式两种。表面式是将塑料薄膜铺于渠床表面。埋藏式是在铺好的塑料薄膜上铺筑土料或砌石作为保护层。保护层厚度一般不小于 30 cm，在寒冷地区还要加厚。

塑料薄膜衬护的施工内容包括渠床开挖和修整、塑料薄膜的加工和铺设、保护层的填筑等。塑料薄膜衬护的接缝可采用焊接或搭接。

（二）渡槽施工

渡槽按施工方法不同分为装配式渡槽和现浇式渡槽两种类型。

1.装配式渡槽施工

装配式渡槽具有简化施工、缩短工期、提高质量、减轻劳动强度、节约钢木材料、降低工程造价等优势，所以被广泛采用。装配式渡槽施工包括预制和吊装两道工序。

（1）预制

①排架的预制

排架是渡槽的支承构件，为了便于吊装，一般选择靠近槽址的场地预制。制作的方式有地面立模和砖土胎模两种。

第一，地面立模。在平坦夯实的地面上用水泥∶黏土∶砂为1∶3∶8的混合料抹面，厚约1 cm，压抹光滑作为底模，在立上侧模后就地浇制。在拆模后，当强度达到70%时，即可移出存放，以便高效利用场地。

第二，砖土胎模。砖土胎模的底模和侧模均采用砌砖或夯实土做成，与构件接触面用水泥黏土砂浆抹面，然后涂上脱模剂即可。使用砖土胎模应做好四周的排水工作。

②槽身的预制

槽身的预制宜在两排架之间或排架一侧进行。槽身的方向可以是垂直或平行于渡槽的纵向轴线的，根据吊装设备和方法而定。应避免因预制位置选择不当而造成在起吊时发生摆动或冲击的现象。

③预应力构件的制造

在制造装配式梁、板及柱时，采取预应力钢筋混凝土结构，不仅能提高混凝土的抗裂性与耐久性，减轻构件自重，还可节约20%～40%的钢筋。预应力就是在构件使用前，预先加一个力，使构件产生应力，以抵消构件使用时荷载产生的相反应力。制造预应力钢筋混凝土构件的方法很多，基本上可分为先张法和后张法两大类。

先张法就是在浇筑混凝土之前，先将钢筋张拉固定，然后立模浇筑混凝土。等混凝土完全硬化后，去掉张拉设备或剪断钢筋，利用钢筋弹性收缩的作用，通过钢筋与混凝土间的黏结力把压力传给混凝土，使混凝土产生预应力。

后张法就是在混凝土浇好以后再张拉钢筋。这种方法是在设计配置预应力钢筋的部位，预先留出孔道，等到混凝土达到设计强度后，再穿入钢筋进行张拉；待张拉锚固后，让混凝土获得压应力，并在孔道内灌浆；最后卸去锚固外面的张拉设备。

（2）吊装

①排架的吊装

排架的吊装通常有垂直吊插法和就地旋转立装法两种。

垂直吊插法是用吊装机具将整个排架垂直吊离地面，再对准并插入基础预留的杯口中校正固定的吊装方法。

就地旋转立装法是把排架当作一旋转杠杆，其旋转轴心设于架脚，并与基础铰接好，在吊装时用起重机吊钩拉吊排架顶部，使排架就地旋转立于基础上。

②槽身的吊装

槽身的吊装基本上可分为两类，即起重设备架立于地面上吊装与起重设备架立于槽墩或槽身上吊装。

2.现浇式渡槽施工

现浇式渡槽的施工主要包括槽墩施工和槽身施工两部分。

（1）槽墩施工

渡槽槽墩的施工一般采用常规方法，也可采用滑升模板施工。当使用滑升模板施工时，一般采用坍落度小于 2 cm 的低流态混凝土；同时还需要在混凝土内掺速凝剂，以保证随浇随滑升，防止混凝土坍塌。

（2）槽身施工

渡槽槽身的混凝土浇筑，就整座渡槽的浇筑顺序而言，有从一端向另一端推进，或从两端向中部推进，以及从中部增加两个工作面向两端推进等几种方式。槽身若采取分层浇筑，必须合理选取分层高度，尽量减小层数，并提高第一层的浇筑高度。对于断面较小的梁式渡槽，一般采用全断面一次平起浇筑的方式。

（三）倒虹吸管施工

下面以现浇钢筋混凝土倒虹吸管的施工为例，简单论述倒虹吸管的施工。

现浇钢筋混凝土倒虹吸管施工的一般顺序为放样、清基和地基处理、管座施工、管模板的制作与安装、管钢筋的制作与安装、管道接头止水施工、混凝土的浇筑、混凝土养护与拆模。因其他工序与其他工程项目差别不大，下面主要介绍管座施工和混凝土的浇筑。

1.管座施工

在清基和地基处理之后，即可进行管座施工。

倒虹吸管的管座主要有刚性弧形管座、两点式及中空式刚性管座两种形式。

（1）刚性弧形管座

刚性弧形管座的模板通常是在一次做好后，再进行管座混凝土浇筑施工的。当管径较大时，若管座事先做好，在浇筑、振捣管底混凝土前，需在管座内模底部开置活动口，以便进料浇筑、振捣。为了避免在内模底部开口，也可采用管座分次施工的方法，即先做好底部范围（中心角约 80° ）的小弧座，以作为外模的一部分，待管底混凝土浇筑到一定程度时，即边砌小弧座旁的浆砌管座边浇混凝土，直到砌完整个管座为止。

（2）两点式及中空式刚性管座

两点式及中空式刚性管座均需事先砌好管座模板，在基座底部挖空处可用土模代替外模。在施工时，对底部回填土要仔细夯实，以防止在浇筑过程中，土壤压缩变形而导致混凝土开裂。

2.混凝土的浇筑

在水工建筑物中，倒虹吸管混凝土对抗拉、抗渗要求比一般结构的混凝土要严格得多：混凝土的水灰比一般控制在 0.5～0.6 以下，有条件时可达到 0.4 左右；坍落度用机械振捣时为 4～6 cm，用人工振捣时不应大于 6～9 cm；含砂率常用值为 30%～38%，以采用偏低值为宜。

（1）浇筑顺序

为便于整个管道施工，可每次间隔一节进行浇筑，例如先浇 1 号、3 号、5 号管，再浇 2 号、4 号、6 号管。

（2）浇筑方式

一般常见的倒虹吸管有卧式和立式两种。卧式又可分平卧或斜卧。平卧大都是管道通过水平或缓坡地段所采用的一般方式；斜卧多用于进出口山坡陡峻的地区。至于立式管道则多采用预制管安装。

①平卧式倒虹吸管的浇筑

平卧式倒虹吸管的浇筑有两种方法。一种是浇筑层与管轴线平行，一般由中间向两端发展，以避免仓中积水，从而增大混凝土的水灰比。这种浇筑方式的缺点是混凝土浇筑接缝皆与管轴线平行，刚好和水压产生的拉力方向垂直，一旦发生冷缝，管道容易沿浇筑层（冷缝）产生纵向裂缝。为了克服这一缺点，可采用另一种方法，即采用斜向分层浇筑，以避免浇筑接缝与水压产生的拉力正交。当斜度较大时，浇筑接缝的长度可缩短，浇筑接缝的间隙时间也可缩短。但这样浇筑的混凝土都呈斜向增高，使砂浆和粗骨料分布不太均匀，加上振捣器都是斜向振捣，不如竖向振捣能保证质量。因此，两种浇筑方法各有利弊。

②斜卧式倒虹吸管的浇筑

在进出口山坡上常用斜卧式倒虹吸管。斜卧式倒虹吸管的在浇筑混凝土时应由低处开始逐渐向高处进行，使每层混凝土浇筑层保持水平。

不论平卧式倒虹吸管还是斜卧式倒虹吸管，在浇筑时，都须注意两侧或周围的进料应均匀、快慢一致；否则，容易产生模板位移，导致管壁厚薄不一，从而严重影响管道质量。

第三节　渠道混凝土衬砌施工

随着大型调水工程的兴建，大断面渠道衬砌技术及施工设备也随之发展起来。渠道混凝土衬砌有预制板衬砌和现浇混凝土衬砌两种方式。由于预制板衬砌存在较多缺点，所以大断面渠道一般都采用现浇混凝土衬砌。

一、渠道混凝土衬砌施工的方法

在国外，大型调水渠道一般都采用现浇混凝土衬砌。我国大型调水工程在衬砌技术、机械设备、施工工艺等诸多方面进行了尝试，并取得了不错的效果。随着科技的发展和新材料、新技术的应用，以及渠道衬砌机械化施工工艺的逐步完善，渠道衬砌机械设备国产化程度的提高，渠道衬砌机械化施工的成本也越来越低。

大断面渠道衬砌的混凝土厚度一般较小，为 8～15 cm，混凝土面积较大，但不同于大体积混凝土施工。目前，国内外渠道混凝土衬砌施工有人工衬砌施工和机械化衬砌施工两种。由于人工衬砌施工速度较慢，质量不均，施工缝多，逐渐被机械化衬砌施工所取代。

渠道混凝土衬砌机械化施工的优点可归纳如下：

第一，施工效率高，一般可达到 200 m^2/h。

第二，衬砌质量好，混凝土表面平整、光滑，坡脚过渡圆滑、美观，密实度、强度也符合设计要求。

第三，后期维修费用低。

二、渠道混凝土衬砌施工的程序

机械化衬砌分为滚筒式、滑模式和复合式。滚筒式的使用范围较广，可以满足各种坡长要求。一般在坡长较短的渠道上，可以采用滑模式。当滚筒式和滑模式无法满足实际需求时，可采用复合式。根据衬砌混凝土施工工序的要求，在渠道已经基本成型后，坡面应预留一定厚度（可视土方施工者的能力，预留5～20 cm）的原状土。渠道混凝土衬砌机械化施工的施工程序如图5-1所示。

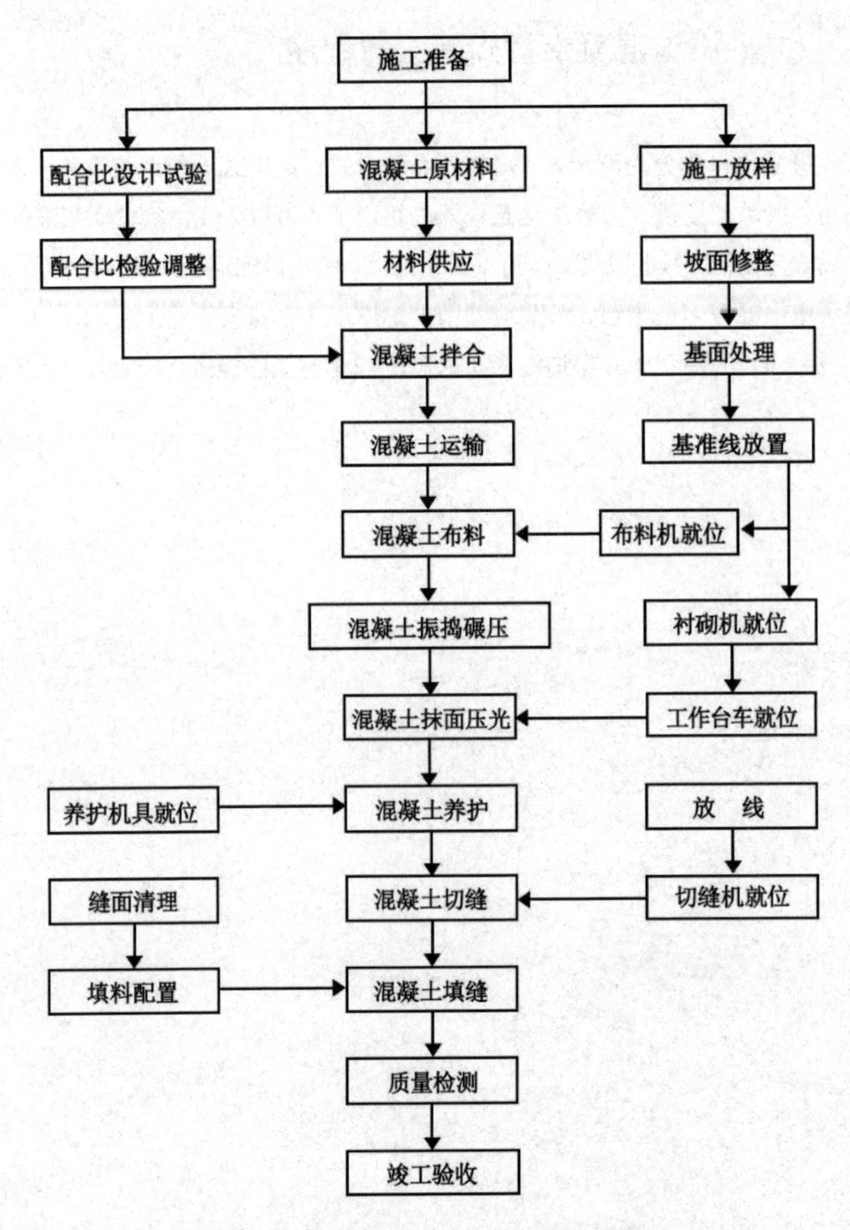

图 5-1 渠道混凝土衬砌机械化施工程序示意图

三、衬砌坡面修整

在渠道开挖时，渠坡应预留约 30 cm 厚的保护层。在衬砌混凝土浇筑前，需要根据渠坡的地质条件选用不同的施工方法进行修整。衬砌坡面修整分削坡和清坡两步。

（一）削坡

坡脚齿墙按要求砌筑完成后，方可进行削坡。削坡的一般程序如下：

1.粗削

在削坡前，应先将渠底塑料薄膜铺设好，然后在每一个伸缩缝处，按设计坡面挖出一条槽，并挂出标准坡面线，按此线进行粗削找平，防止削过。

2.细削

细削的目的是将标准坡面线下混凝土板厚的土方削掉。在粗削大致平整后，在两条伸缩缝中间的三分点上加挂两条标准坡面线，从上到下挂水平线依次削平。

3.刮平

在细削完成后，坡面基本平整，这时要用 3～4 m 长的直杆，在垂直于渠中心线的方向上来回刮动，直至刮平。

（二）清坡

清坡的方法有如下几种：

1.人工清坡

在没有机械设备的条件下，可以使用人工清坡。当用人工进行清坡时，应在需要清理的坡面上设置网格线，根据网格线和坡面的高差，控制坡面高程。根据以往的施工经验，在大坡面上即使严格控制施工质量，误差也在 3 cm 左右。这个误差对于衬砌厚度只有 8～10 cm 的混凝土来说，是不允许的。即使有垫层，也不能满足要求。对于坡长更长的坡面，人工清坡质量是难以控制的。

2.机械清坡

机械清坡使用的机械主要有以下两种：

一是螺旋式清坡机。该机械在较短（不大于 10 m）的坡面上效果较好，其通过一镶嵌合金的连续螺旋体旋转，切削土体，弃土可以直接送至渠顶。但该机械在过长的坡面上不适用，因为过长的螺旋体需要的动力较大，且挠度问题难以解决。

二是滚齿式清坡机。该清坡机沿轨道顺渠道轴线方向行走，一定长度的滚齿旋转切削土体，切削下来的土体抛向渠底，形成平整的原状土坡面。一个幅面作业结束后，整机前移，进行下一个幅面作业。

四、沙砾或胶结沙砾垫层、保温层、防渗层铺设

（一）沙砾或胶结沙砾垫层铺设

根据渠道设计的相关要求，渠坡要铺设沙砾料垫层；沙砾料要质地坚硬、清洁、级配良好；铺料厚度、含水率、碾压方法及遍数通常根据现场试验确定。铺料及碾压可采用横向振动碾压衬砌机一次完成，表面平整度应不大于 1 cm/2 m。

采用垫层摊铺机可连续将沙砾或胶结沙砾料摊铺在坡面和坡脚上，摊铺机振动梁系统可同步将其密实成型，功效高，质量好。在摊铺完成后，垫层密实度和坡面、坡脚表面的形状、误差均可满足设计要求。

（二）保温层铺设

为满足抗冻（胀）要求，在北方冬季低温地区的渠道混凝土衬砌下应铺设

保温层。保温材料通常采用聚苯乙烯泡沫塑料板。保温板是否紧贴建基面对衬砌混凝土能否振捣密实有较大影响。

保温板的质量要求如下：外观完整，色泽与厚度均匀，表面平整清洁，无缺角、断裂、明显变形。保温层的铺设要求如下：保温板应错缝铺设，平整牢固，板面紧贴渠床，接缝紧密平顺，两板接缝处的高差不大于 2 mm，板与板之间、板与坡面基础之间应紧密结合。

（三）防渗层铺设

渠道衬砌的防渗层应采用复合土工膜（两布一膜），在铺设前应按设计要求并参照《土工合成材料测试规程》（SL/T 235—2012）对各项技术指标进行检测。土工膜接缝处应采用双焊缝热熔焊法焊接，并用充气法检查；土工布采用缝接法拼接。防渗层铺设、焊接完成后禁止踩踏，以防损坏。

五、衬砌混凝土浇筑

在衬砌防渗层施工结束后，即可浇筑混凝土。衬砌混凝土施工可采用以下几种方法：

一是人工法。具体工艺流程如下：在坡面上垂直于渠道轴线立模，模板的高程即为混凝土面的高程；在充填混凝土后，人工拖动平板振动器上下振捣使混凝土密实；人工找平、抹光。大面积的薄层混凝土人工浇筑是有一定难度的。

二是滑模法。在渠坡较短的情况下，可以采用滑模机械施工。在渠坡较长的情况下，如采用滑模机械，所需要的设备较大。

三是滚筒法。滚筒式机械是应用较广的机械，利用滚筒在轨道上行走、旋转，将混凝土摊平，挤压密实。这种方法需要注意两个问题：①桁架的挠度不能过大；②混凝土的密实度要严格控制。

四是复合法。复合法使用的设备由一台布料机和一台成型机联合作业。布料机在均匀布料的同时，通过插入板式振动器口将混凝土振捣密实并基本成型。成型机在其后工作，通过偏心滚筒的旋转进行提浆，并精确成型，所形成的混凝土表面有厚度为 3 mm 左右的砂浆。

在渠道衬砌混凝土浇筑时，必须严格控制混凝土的坍落度。坍落度过大，在布料时易下滑，无法振捣衬砌；坍落度过小，振捣提浆困难，影响施工进度与质量。

试验表明，当到达工作面时，混凝土的坍落度以 5 cm 左右为宜。为了提高混凝土拌和物的和易性，可用超量取代法添加粉煤灰及引气减水剂等。

在布料时，应挂落料斗，落料斗距衬砌面 30 cm 为宜。刮料器必须压紧，防止漏浆，同时适当控制刮料器上下运动的速度，以使混凝土物料分布均匀，减少人工辅助劳动量。

混凝土浇筑是渠道衬砌施工的关键工序，必须满足：衬砌高程要准确，拨料器高度要合适，振动力要适中，衬砌速度要均匀，表面处理要及时等。

在混凝土浇筑完成后，一般采用人工抹光，也可以采用机械抹光。机械抹光效率较高，质量均一，但局部仍需要人工处理。

六、混凝土养护、切缝与密封

在衬砌混凝土终凝后应及时进行养护，可喷洒混凝土养护液或用湿毛毡覆盖淋水养护，后者比较经济实用。

在衬砌混凝土达到规定强度后，应及时切缝，且在切缝时必须控制好缝宽与缝深。渠道衬砌混凝土可利用机组切刀切缝，也可利用电动切缝机切缝。前者施工烦琐，效率低；后者切缝规则，符合设计要求。

现在的渠道衬砌混凝土工程，其伸缩缝处理通常采用聚氯乙烯胶泥灌注。在灌注前应将缝冲洗干净、晾干。为防止将坡上塑料薄膜及土工布烫坏，在缝中可铺 0.5 cm 厚的净沙，将熬制好的聚氯乙烯胶泥自上而下分两次进行浇

注，浇满为止。

渠道收缩缝和伸缩缝也可采用聚乙烯泡沫条和双组份聚硫建筑密封膏充填密封。在填充前，应先清洗缝面，晾晒干燥，按比例配制密封膏；然后用施膏枪将密封膏挤入缝内并压平，或用刮刀将密封膏刮入缝内并压平。密封结束后的 24 h 内严禁雨淋。

参考文献

[1] 蔡健. 水利工程河道生态护坡施工技术的应用研究[J]. 工程技术研究，2023，8（13）：89-91.

[2] 陈傲龙. 论水利工程中混凝土挡墙浇筑的施工技术[J]. 工程建设与设计，2023（13）：250-252.

[3] 丁秀娟. 水利工程围堰施工技术的运用探讨[J]. 治淮，2023（7）：70-71.

[4] 方群. 水利工程施工中土方填筑施工技术探析[J]. 大众标准化，2023（13）：52-54.

[5] 郭孟允. 浅析导流及围堰施工技术在水利工程中的应用[J]. 四川水泥，2023（6）：182-183，186.

[6] 郝世飞，蔡慧. 水利工程渠道施工中衬砌混凝土技术研究[J]. 工程技术研究，2023，8（15）：204-206.

[7] 何巧清. 水闸施工的技术要点及注意事项探讨[J]. 珠江水运，2023（13）：101-103.

[8] 黄林喜. 水利工程土石坝标准施工技术探讨[J]. 水上安全，2023（5）：34-36.

[9] 黄亚梅，张军，雷衍波，等. 水利工程施工技术[M]. 北京：中国水利水电出版社，2014.

[10] 姬志军，邓世顺. 水利工程与施工管理[M]. 哈尔滨：哈尔滨地图出版社，2020.

[11] 廖昌果. 水利工程建设与施工优化[M]. 长春：吉林科学技术出版社，2021.

[12] 刘宁平. 水利施工过程中衬砌混凝土技术研究[J]. 水上安全，2023（6）：

175-177.

[13] 刘倩. 水利工程堤防防渗施工技术分析[J]. 大众标准化，2023（14）：64-66.

[14] 刘祥柱，郝和平，陈宁翔. 水利水电工程施工[M]. 郑州：黄河水利出版社，2009.

[15] 卢雪涛. 水利工程施工中边坡开挖支护技术研究[J]. 城市建设理论研究（电子版），2023（23）：208-210.

[16] 马振宇，贾丽炯. 水利工程施工[M]. 北京：北京理工大学出版社，2014.

[17] 毛建平，金文良. 水利水电工程施工[M]. 郑州：黄河水利出版社，2004.

[18] 苗兴皓，高峰. 水利工程施工技术[M]. 北京：中国环境出版社，2017.

[19] 苗兴皓. 水利工程施工技术[M]. 徐州：中国矿业大学出版社，2008.

[20] 苗兴皓. 水利水电工程管理与实务[M]. 北京：中国环境科学出版社，2005.

[21] 闵志华，刘斌，徐水平. 水利施工技术[M]. 上海：上海交通大学出版社，2014.

[22] 裴晓玲. 水利工程混凝土施工裂缝检测与整治技术[J]. 水利科学与寒区工程，2023，6（6）：110-113.

[23] 彭新梅. 水利工程施工中渠道防渗技术[J]. 建材发展导向，2023，21（12）：130-132.

[24] 芮守香. 水利工程施工质量管理策略探究[J]. 水上安全，2023（6）：187-189.

[25] 王永强，苗兴皓，李杰. 建设工程计量与计价实务[M]. 北京：中国建材工业出版社，2020.

[26] 韦庆辉，陆克芬，韦英开. 水利水电工程施工技术[M]. 北京：中国水利水电出版社，2014.

[27] 吴洪擎. 围堰施工技术在水利工程施工中的应用[J]. 工程技术研究，

2023，8（15）：210-212.
[28] 薛桦，赵中宇，李建华，等. 水利水电工程施工技术与施工组织[M]. 郑州：黄河水利出版社，2014.
[29] 颜宏亮，侍克斌. 水利工程施工[M]. 西安：西安交通大学出版社，2015.
[30] 颜宏亮，于雪峰. 水利工程施工[M]. 郑州：黄河水利出版社，2009.
[31] 杨伟. 衬砌混凝土施工技术在水利工程中的应用[J]. 四川水泥，2023（6）：172-173，176.
[32] 袁光裕. 水利工程施工[M]. 北京：中国水利水电出版社，2005.
[33] 张红新，张生. 基于水利工程中的堤坝岸保护施工技术分析[J]. 黑龙江水利科技，2023，51（6）：103-106.
[34] 张健. 混凝土施工技术在水利施工中的应用探讨[J]. 建材发展导向，2023，21（16）：140-142.
[35] 张晓涛，高国芳，陈道宇. 水利工程与施工管理应用实践[M]. 长春：吉林科学技术出版社，2022.
[36] 张燕明. 水利工程施工与安全管理研究[M]. 长春：吉林科学技术出版社，2021.
[37] 赵长清. 现代水利施工与项目管理[M]. 汕头：汕头大学出版社，2022.
[38] 钟汉华，冷涛. 水利水电工程施工技术[M]. 北京：中国水利水电出版社，2013.